U0142953

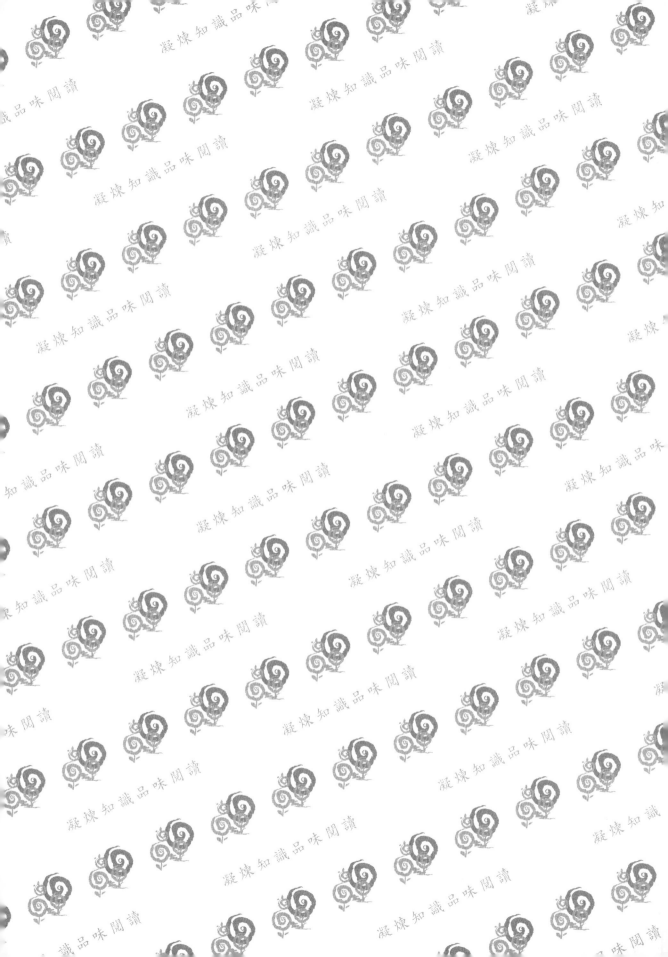

廣告學
策略、經營與實務

戴國良 博士 —————— 著

五南圖書出版公司 印行

作者序言

一、廣告的重要性

「廣告學」一門課，在傳播學院及商管學院已有日益重要的趨勢，很多學生都來選修此課；選修的意義倒不是說這些學生畢業後，都一定要到廣告公司做事，畢竟國內廣告市場不算太大，廣告公司的用人數量合計起來，可能還不如一家千人的電視公司。但是，這些學生會到一般企業界的行銷企劃部、媒體公關部、業務部等；此時他們必然要接觸到廣告方面的需求，因此在大學時代，對這方面知識與常識的充實，當然是必要的。

另外，一般公司在行銷費用的支出，往往以廣告費用的支出占最大比例，因此希望能發揮花錢的應有效益產生，公司的業績才會持續成長。

此外，廣告宣傳對一個公司的企業形象或產品的品牌知名度的塑造上，亦扮演了非常重要的角色及分量。

當然，廣告學也是行銷 4P 組合策略中，一個關鍵的行銷知識與核心。其實，現代每個人每天幾乎都會接觸到各種廣告宣傳；看電視有電視廣告、看臉書有臉書廣告、看網路有網路廣告、搭公車有公車廣告、搭捷運有捷運廣告、看報紙和雜誌也有廣告、聽廣播也有廣播廣告，到各種超市、大賣場也會看到各式各樣的宣傳廣告招牌及折扣訊息吊牌；可以說，我們每天都處在廣告的環境中，廣告亦是我們生活環境中經常見到的一環。

二、本書特色

本書內容有以下五大特色：

(一) 具完整性

本書內容涵蓋廣告產業知識、五大傳統媒體知識、數位媒體知識、廣告創意與製作知識、市調知識、廣告公司經營知識、媒體企劃與媒體購買提案知識……等 22 個章節，架構堪稱完整，內容也能與時俱進。

(二) 實務導向

本書完全是實務導向、案例導向及本土化導向，完全沒有純理論內容。因

此，本書的實用性很高，學起來也很輕鬆，重要的是它很有用。

(三) 全面圖解化

本書為使讀者、老師及學生易於閱讀及快速一目瞭然，故在撰寫上，全面圖解化，相信也是教科書上的一大創舉。

(四) 最好的一本教科書

作者本人在書店翻閱過一些廣告學商業書及教科書，深覺本書是目前市面上撰寫最好且最實用的一本「廣告學」教科書。

(五) 與時俱進

這一本廣告學教科書，其內容都是最近一、二年的最新素材與實務經驗融合而成的。未來也將每二、三年更新改版內容，以求能夠與時俱進，掌握廣告產業與媒體產業的最新動態與變化趨勢。

三、感恩、感謝與祝福

本書的順利完成，衷心感謝我的家人、我在世新大學的各位長官、同事們及同學們，以及五南圖書出版公司的相關協助。由於您們的協助、鼓勵及加油，才使本書能以全新面貌及獨特風格呈現出來。

四、人生勉語

最後，有幾句我日常喜歡的座右銘，提供給各位參考：
- 大悲心起，永保慈悲心。
- 反省自己，感謝別人。
- 在變動的年代裡，堅持不變的真心相待。
- 夜色暗下來，一切歸於寧靜，望著窗外閃爍的路燈與遠山的點點燈火，可以靜靜思考自己與世界。
- 以行動證明：做自己，路更廣。
- 堅持做喜歡的事，才會有好成果。
- 有慈悲，就無敵人；有智慧，就無煩惱。
- 終身學習，必須是要有目標、有計畫、有系統，以及有紀律的學習。
- 滿招損，謙受益。

．很多人喜歡把磨練當成是受苦，我卻視磨練為上天對我的恩賜。

．力爭上游，終必有成。

．確立人生目標，全力以赴。

．成功的職涯工作（五要素）

　＝努力 × 進步 × 熱情 × 人脈存摺 × 終身學習

　　最後，再次祝福所有老師、所有讀者及所有同學，都能擁有一個成長、成功、健康、平安、順利、欣慰、滿意的美麗人生旅程。

　　感謝大家！感恩大家！

作者

戴國良　敬上

e-mail: taikuo@mail.shu.edu.tw

目　錄

Chapter 13 廣告公司經營哲學與運作流程   209

Chapter 14 廣告創意綜述   233

Chapter **1**

廣告概論

1-1　廣告的定義、種類、應用行業及其功能與目的

一、廣告的定義

所謂「廣告」，就是指「一個公司和它的產品透過大量傳播媒體，例如：電視、廣播、報紙、雜誌、網路、手機、郵寄、戶外展覽或大眾運輸工具，來傳送訊息給目標觀眾或聽眾，以達成廠商的行銷目標」。

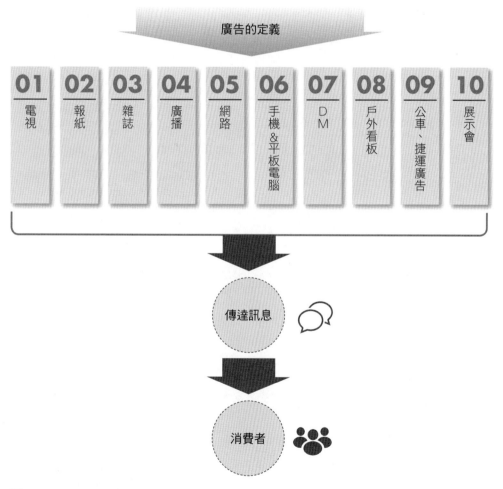

圖 1-1　廣告的定義

二、廣告的種類

以實務上來說，廣告的種類，主要可區分為以下七種類型：

(一) 產品廣告：大部分的廣告都是屬於產品型廣告，就是介紹產品的各種功能、機能、好處、功效、效果、特色、益處等，給消費者看，希望使消費者看到後，會因而採取行動去購買它。

(二) 企業形象廣告：有些大公司、大企業集團，為了建立或傳達他們的優質企業形象，所以，在電視上做了此類型廣告片。例如：銀行金控集團、製造業集團等，均曾出現過。

(三) 促銷型廣告：在每逢重要節慶促銷檔期時，各種傳播媒體上，就會出現促銷型廣告的宣傳。例如：每年 10 月～12 月，就會有百貨公司或零售業的週年慶促銷型廣告出現；每年 5 月會有母親節促銷廣告；每年 2 月會有農曆過年促銷廣告；此外，還有中秋節、端午節、中元節、父親節、情人節、聖誕節、元旦、開學祭……等，節慶促銷型廣告的出現。

(四) 公益廣告：由於現代是一個重視企業社會責任 (CSR) 的時代，因此，很多大企業都會適時推出公益型廣告片，以彰顯該公司的公益形象。例如：和泰汽車 (TOYOTA) 曾推出「賣一部車，捐一棵樹」的公益電視廣告片播出；另外，中國信託銀行也曾推出「點燃生命之火」的捐獻電視廣告片，鼓勵善心人士共襄盛舉，救助貧窮苦難老百姓。

(五) 政府宣傳廣告：政府各單位為了建立它們為國民做了哪些事情，或想推動哪些重大活動時，也都會推出以電視廣告為主力的宣傳短片。例如：客家委員會、法務部、交通部、各級市政府、國防部、經濟部、內政部……等，政府單位都曾做過各種宣傳短片。

01	02	03	04	05	06	07
產品廣告	企業形象廣告	促銷廣告	公益廣告	政府宣傳廣告	選舉廣告	call-in 銷售型廣告

廣告類型

🔍 圖 1-2 廣告的種類

(六) **選舉廣告**：臺灣是一個民主國家，每幾年經常會有各類選舉型廣告出現；從最高層的每四年總統大選，到立法委員選舉及縣市長選舉等三種最顯著的選舉廣告，是大家最常見到的。

(七) **Call-in 銷售型廣告**：

1. 另外，最近在電視上也常見到的一種，稱為是「call-in 銷售型廣告」；亦即，指很多以中老年人為對象的保健食品，也常透過長秒數電視廣告片中的 0800 電話進行訂購型的廣告宣傳片。例如：日系的三得利保健食品公司，就是經常使用這種 call-in 型銷售促進的電視廣告宣傳手法的代表公司。

2. 其實，這種 call-in 銷售型廣告模式，最主要是模仿自國內專門的「電視購物臺」模式而來的。

3. 據各方數據顯示，這種以中老年人為對象的 call-in 銷售型廣告片的效果，還蠻不錯的，有其成效。

三、廣告種類的應用行業別

以上所述各種類廣告片，在不同行業別，有其不同的應用類型。

(一) **百貨零售業**：百貨零售業是應用「促銷型廣告」最多的行業；例如：SOGO 百貨、新光三越百貨、全聯、家樂福、屈臣氏、康是美等大型主力百貨零售業，經常會出現各種「促銷型廣告」的媒體宣傳。

(二) **消費品行業**：「產品型廣告」是最常出現在各種消費品行業的；例如：鮮奶、奶粉、麥片、洗衣精、洗髮乳、沐浴乳、豆漿、餅乾、巧克力、香氛品、咖啡⋯⋯等消費品的廣告宣傳，經常是以介紹它們的特性、功能、好處等為宣傳重點。

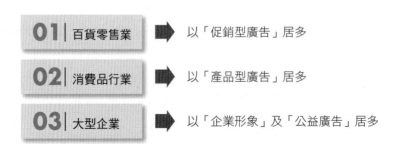

01 | 百貨零售業 ➡ 以「促銷型廣告」居多

02 | 消費品行業 ➡ 以「產品型廣告」居多

03 | 大型企業 ➡ 以「企業形象」及「公益廣告」居多

圖 1-3 　各行業對應的各類型廣告

(三) **大型企業**：大型企業則常以「企業形象廣告」及「公益廣告」出現在電視廣告宣傳上，以展現其回饋社會、公益社會的優良企業形象，以得到廣大消費者的好評及長期支持。

四、廣告的功能及目的

廣告是要花錢的，因此，會要求其功能及目的，在實務上，廠商有下列的五大功能及目的：

(一) 最主要二大功能

1. 打造及持續品牌力功能：廠商投資或製作廣告，其一個主要功能，就是希望能夠打造及持續品牌力的功能。而這個品牌功能，需透過廣告投資而能有效提升這個品牌的：(1) 知名度；(2) 好感度；(3) 信賴度；(4) 忠誠度；(5) 情感度；(6) 黏著度。若能夠達成上述打造品牌力功能，就可以達成廣告投資的一半功能及目的。

2. 提高業績力功能：當然，廠商最終的一大目的，就是希望廣告投資能夠有效提升業績的成長，這是最實際的廠商目的。不過，坦白說，提升業績成長的因素是由非常多元化因素所造成的，絕不是單一因素。因此，我們只能說，廣告投資對廠商業績的成長，只有「間接」促進效果，而非「直接、全面」的效果。

(二) 次要三大功能

1. 具說服功能：做廣告，具有想要說服消費者相信廠商所描述表達的樣態，希望能夠影響消費者的心理認知，說服及改變消費者原先的想法。此即說服消費者功能。例如：像維護老年人骨骼的保健食品廣告，即在說服老年人吃了此品牌產品後，您的骨骼就會強健很多。

2. 具提醒功能：做廣告，亦具有提醒功能，亦即提醒消費者，我這個品牌還在你身邊，勿忘我這個品牌；若品牌端長期不做廣告，很容易使消費者漸漸忘掉該品牌，從而不買該品牌。

3. 具訊息傳遞功能：做廣告，最基本的功能之一，就是想把廣告中的訊息傳達給消費者看到及知道。例如：廠商端有新產品訊息、新促銷訊息、新代言人訊息等，都會透過廣告表達，傳遞出去。

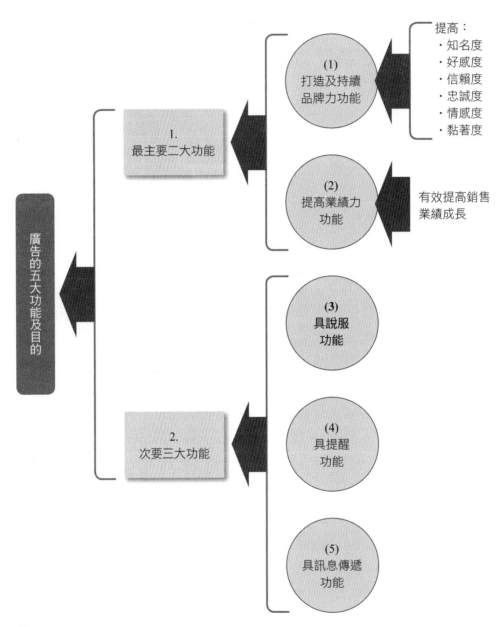

圖 1-4　廣告的五大功能及目的

1-2 廣告的價值、廣告任務目標及成功廣告片六大面向條件

一、廣告的四種價值

(一) 廣告可以創造品牌價值

廣告的價值之一,是為廠商創造了這個產品或服務的品牌 (Brand)。而品牌是一種永續的資產價值,有品牌的產品,其價值就稍高;沒有品牌的產品,就可能淪為低價格戰。而長期打廣告的結果,確實有助品牌的建立、鞏固與深化。

(二) 廣告可以提供資訊價值

透過平面及雜誌大篇幅廣告的表達,可以在很短時間內,了解某產品與服務的深度資訊價值。

(三) 廣告可以改變態度價值

透過良好設計的廣告傳播出現,可以撼動人心,而改變原來消費者心中原有的態度與想法,而對此產品、服務或企業,有了新的態度與支持。因此,最近幾年來的感動行銷廣告及溫馨廣告,亦有漸多的趨勢。

(四) 廣告可以促進銷售價值

透過促銷型的廣告呈現,可以刺激消費者的購買慾望及動機。例如:在百貨公司週年慶打折期間,透過電視及網路廣告的宣傳之後,常看到人山人海搶購的情況。

01	02	03	04
廣告可以創造品牌價值	廣告可以提供資訊價值	廣告可以改變態度價值	廣告可以促進銷售價值

🔍 圖 1-5 廣告的四種價值

二、廣告任務（目標）是什麼

從比較廣義角度看，廣告任務或目標，應該具有最完整的下列九項：

1. 新商品上市或新品牌上市，需要做廣告。
2. 既有產品改善或重定位後，需要做廣告。
3. 做企業形象廣告。
4. 做促銷活動宣傳。
5. 提高市占率。
6. 活化品牌、使品牌年輕化、不至於老化。
7. 打造品牌，提升知名度。
8. 具 Reminding 效果（提醒消費者）。
9. 最終，當然要提振業績。

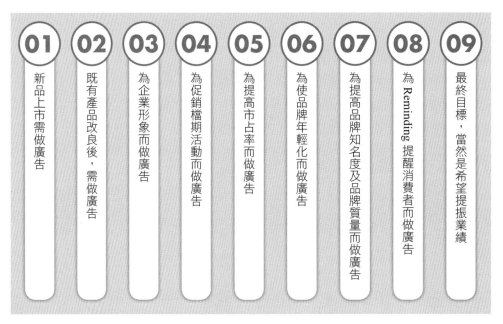

01 新品上市需做廣告

02 既有產品改良後，需做廣告

03 為企業形象而做廣告

04 為促銷檔期活動而做廣告

05 為提高市占率而做廣告

06 為使品牌年輕化而做廣告

07 為提高品牌知名度及品牌質量而做廣告

08 為 Reminding 提醒消費者而做廣告

09 最終目標，當然是希望提振業績

圖 1-6　廣告的最完整九項任務（目標）

三、成功廣告片的六大面向條件分析

什麼是成功的電視廣告片？本書作者綜合歸納來看，有以下六大條件：

(一) 從廣告客戶績效目標來看，要能達成三項

- 能提高廣告客戶的品牌。
- 能提高廣告客戶的業績。
- 能提高廣告客戶的市占率。

(二) 能夠叫好又叫座

- 叫好：就是讓人看了，很有感覺、很感動。
- 叫座：就是讓人看了，很想去購買此產品。

(三) 能夠有記憶度

有些廣告看過後，就忘記了；但是好廣告片，會讓人深刻記住此支廣告片的內容、主角及產品品牌。

(四) 能提高對品牌的知名度及好感度

有些廣告片，因為藝人代言廣告片的表現良好且突出，故而能夠增強對此廣告片的注目度、吸睛度，以及對該品牌的知名度及好感度。

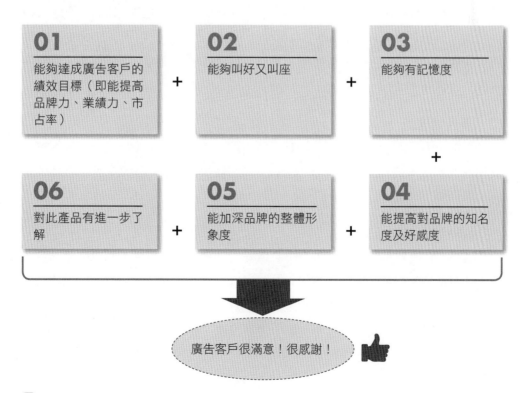

圖 1-7　成功廣告片的六大面向條件

(五) 加深整體形象度

好廣告片，必可加深消費者對好品牌的整體形象度，對此品牌也會有更好的印象。

(六) 對產品有進一步了解

好廣告片，在短短 30 秒內，也必然可以讓人了解廣告片所想表達的該產品功能及特色，達成廣告目的，即真正認識與了解此產品。

1-3 廣告產業價值鏈的整體架構

廣告產業的組成

在整個廣告產業中，主要由六個部分的參與者所組成，節述如下：

(一) 廣告主（廠商）

即指廣告客戶（廠商），例如：P&G、統一企業、中信金控、國泰金控、花王、聯合利華、裕隆汽車、和泰汽車、中華電信、可口可樂、台灣大哥大、遠傳電信、全聯超市、Panasonic、大金冷氣、日立冷氣、屈臣氏、康是美、白蘭氏、桂格、統一超商……等製造業、服務業及金融業公司等。這些都是出錢投資廣告的大客戶。

(二) 廣告代理商

即指為上述廣告客戶做廣告企劃、廣告創意與拍攝廣告 CF 或平面稿的廣告代理商。例如：奧美廣告、李奧貝納、智威湯遜、麥肯、台灣電通、聯廣、宏將、陽獅……等廣告公司。

(三) 媒體購買服務公司

廣告 CF 或平面稿做好之後，接著專業的媒體分析、媒體企劃及媒體購買公司，即會依媒體配置計畫與預算，向各種下游媒體公司進行時段播出的購買、談判及執行。這些媒體購買服務公司，則包括有傳立、貝立德、凱絡、優勢麥肯、極致傳媒、媒體庫、宏將、星傳媒體、浩騰媒體、奇宏媒體……等公司。

(四) 媒體公司

即指包括如下公司：

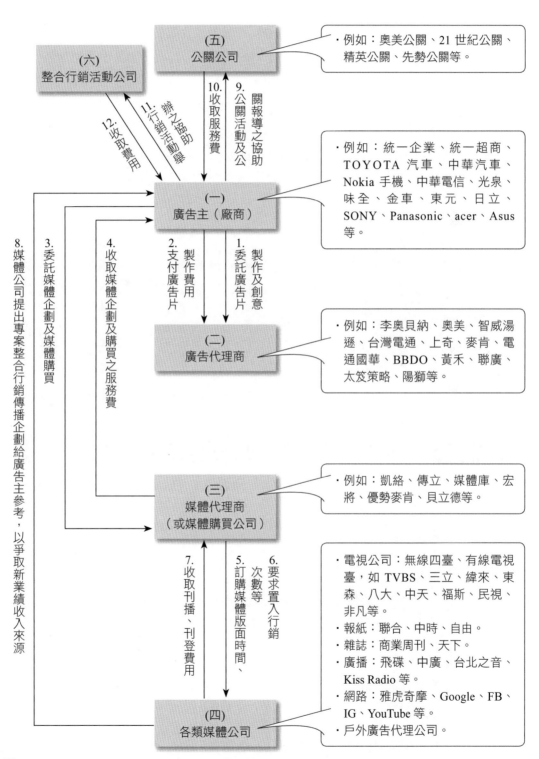

(五)
公關公司

・例如：奧美公關、21 世紀公關、精英公關、先勢公關等。

(六)
整合行銷活動公司

10. 收取服務費
9. 公關活動及公關報導之協助

11. 行銷活動辦之協助
12. 收取費用

(一)
廣告主（廠商）

・例如：統一企業、統一超商、TOYOTA 汽車、中華汽車、Nokia 手機、中華電信、光泉、味全、金車、東元、日立、SONY、Panasonic、acer、Asus 等。

8. 媒體公司提出專案整合行銷傳播企劃給廣告主參考，以爭取新業績收入來源

3. 委託媒體企劃及媒體購買
4. 收取媒體企劃及購買之服務費
2. 支付廣告片製作費用
1. 委託廣告片製作及創意

(二)
廣告代理商

・例如：李奧貝納、奧美、智威湯遜、台灣電通、上奇、麥肯、電通國華、BBDO、黃禾、聯廣、太笈策略、陽獅等。

(三)
媒體代理商
（或媒體購買公司）

・例如：凱絡、傳立、媒體庫、宏將、優勢麥肯、貝立德等。

7. 收取刊播、刊登費用
5. 訂購媒體版面時間、次數等
6. 要求置入行銷

(四)
各類媒體公司

・電視公司：無線四臺、有線電視臺，如 TVBS、三立、緯來、東森、八大、中天、福斯、民視、非凡等。
・報紙：聯合、中時、自由。
・雜誌：商業周刊、天下。
・廣播：飛碟、中廣、台北之音、Kiss Radio 等。
・網路：雅虎奇摩、Google、FB、IG、YouTube 等。
・戶外廣告代理公司。

🔍 圖 1-8　廣告主，廣告代理商與媒體代理商之產業結構關係

1. 無線電視公司：台視、華視、中視、民視及公視。
2. 有線電視公司：東森、三立、TVBS、緯來、八大、中天、福斯及年代、非凡、壹電視……等頻道家族公司。
3. 報紙：中時、聯合、自由時報及等三大報業。
4. 雜誌：天下、商周、壹週刊、經理人、時報週刊、今周刊、遠見、數位時代、VOGUE、儂儂、美麗佳人……等。
5. 廣播電臺：飛碟、中廣、警廣、台北之音、台北愛樂、大眾、大千、港都……等。

(五) 相關週邊公司

包括 CF 製作工作室、市場調查公司、美術設計公司、印刷公司、收視率調查公司、公關公司、CI 識別公司、活動舉辦公司、藝人經紀公司、電視廣告播出監播公司及其他個人工作室。

(六) 最終消費者

消費者購買產品或服務，而使廣告主（廠商）的產品銷售及獲利能夠產生。而廣告針對消費者的品牌偏好、喜愛、忠誠、知名度及購買行為均產生影響。

1-4 廣告 5 說、廣告 5W 及廣告公司的 6C

一、廣告 5 說的思考

針對廣告的內涵，曾有一個知名的「廣告五說」，即：

(一) 對誰說

要先確定廣告的目標消費群是誰？是年輕人？是老年退休族？是熟女？是壯年族？是學生？是家庭主婦？是單身族群？是全客層？

(二) 說什麼

即要制訂廣告策略及傳播主軸核心及訴求點所在。

(三) 如何說

即著重創意與表現，一定要讓消費者有被說服到及溝通到。有時候，要加上藝人代言或醫生推薦，才會更有說服力及影響力。

(四) 什麼時間、地點說

此即牽涉到媒體策略，包括：要用哪些傳統媒體？要用哪些數位及網路媒體？透過這些有效媒體，才能讓消費者看到我們的廣告呈現。所以，媒體代理商就是提供客戶「媒體購買」的專業服務事項。

(五) 說後的效果

此即廣告播出或刊登後，最終得到什麼效果？要進行廣告效果的評估。希望透過這些事後的評估，能夠不斷的調整客戶的廣告策略、廣告內容及廣告方向，以達成最好、最終的廣告成效及廣告 ROI（投資報酬率）。

🔍 圖 1-9　廣告 5 說的思考

二、傳播廣告的 5W

傳播廣告業界，有一個知名的 5 個 W 必須知道，即：

(一) who

誰在做廣告？為什麼、要如何做廣告？廣告的目的是什麼？

(二) say what

廣告的訊息有哪些？如何才能做出好的及有效的廣告？

(三) in which channel

要透過哪些媒體出現這些廣告？要如何有效表現廣告？

(四) to whom

此支廣告片要做給誰看？誰才是我們的廣告目標對象？這些廣告對象有何特徵？

(五) what effect

做廣告預期能得到哪些效果？真的會有這些效果嗎？如何評價這些效果？

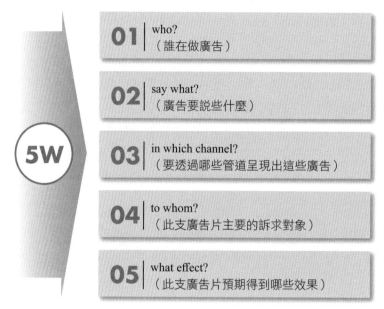

01 | who?
（誰在做廣告）

02 | say what?
（廣告要說些什麼）

5W

03 | in which channel?
（要透過哪些管道呈現出這些廣告）

04 | to whom?
（此支廣告片主要的訴求對象）

05 | what effect?
（此支廣告片預期得到哪些效果）

圖 1-10 　傳播廣告的 5W

三、廣告公司的 6C

一家廣告公司的經營中，要從六個面向來關心，此即廣告公司的 6C：

(一) Consumer（消費者，溝通的對象）

廣告播出來，最重要的就是要給消費者或目標 TA (Target Audience) 看到，進而說服他們、影響他們，而達成廣告客戶的目的。因此，要多多了解目標 TA 的狀況，才能做好此次的廣告溝通任務。總之，即要做好洞察消費者 (Consumer Insight) 的工作，是很重要的。

(二) Creative（創意）

一個成功的電視廣告片或平面廣告稿，創意是最關鍵的要素；必須要有吸引人去注目觀看及深受感動，叫好又叫座的創意廣告，才是成功的電視廣告片。因此，創意人員在發想創意時，應更注意對目標 TA 的了解、洞察、同理心及站在顧客立場去發想及製作一個好看、又有吸引力的電視廣告片及平面廣告稿。

(三) Channel（媒體）：

廣告必須透過各種媒體，呈現其不同的收看族群及功能，因此，要做好適當媒體的組合選擇及配置比例。例如：

1. 中年人、老年人（40~70 歲）的媒體選擇，必然以傳統媒體為主要，例如：電視、報紙、雜誌、廣播、DM 特刊等傳統五大媒體。
2. 年輕人（20~39 歲）的媒體選擇，則以網路、手機（行動）、EDM、戶外等新媒體為主要。

(四) Communication（傳播）

亦即，廣告必須透過跨媒體整合行銷傳播 (IMC, Integrated Marketing Communication) 的 360 度全方位行銷傳播操作，才能全面觸及到消費者，並能產生對廣告客戶的品牌力提升及業績力提升的二大最後效果。因此，傳播策略上，必須考量運用哪些媒體組合？確立哪些訴求重點及傳播主軸、主核心。

(五) Campaign（執行）

再來，就是整體廣告活動的執行力，要把一個很好的廣告企劃案，徹底的做好執行力貫徹，並讓它產生出好的效果出來。在執行上，要注意到：

1. 重視執行細節及執行流程。
2. 要注意要有 Check Point（考核點），隨時更正行動方向及作法。
3. 要有彈性及機動應變力，也是不可忽略的。

(六) Constraint（限制）

必須知道自己有多少資源可以使用？有多少預算可以投入？以及注意不要違反廣告法規，以避免對廣告主客戶的品牌形象有不利影響。

圖 1-11 廣告公司的 6C

1-5 廣告 TPCM、AUCA、AIDMA 模式

一、日本電通廣告公司的廣告策略規劃四大重點：TPCM

　　根據資料顯示，日本電通廣告公司對廣告策略規劃，認為有四大重點，如下述：

(一) T（Target，溝通的對象）

　　任何廣告規劃及創意制訂都要先思考到，此次的廣告活動，其溝通對象是誰？若從人口統計變數來看，又可區分為九大變數，如下：

1. 性別。
2. 年齡層。
3. 所得別。
4. 職業別。
5. 已婚／未婚。
6. 學歷別。
7. 價值觀。
8. 興趣別。
9. 消費行為別。

(二) P（Perception，認知／知覺）

　　接下來，做廣告要思考到：要建立消費者或改變消費者什麼標的、對產品的認知或知覺，進而能夠影響他們的觀念及購買行為。

(三) C（Content，溝通內容）

　　第三個，做廣告則要思考到做什麼樣的溝通內容，這短短 30 秒的寶貴時間內，應該放入哪些重要的、值得的溝通內容給消費者看；目的要讓消費者能夠認同、感動及引起興趣或產生需求。

(四) M（Means，溝通方法）

　　第四個，最後要考慮如何與消費者溝通到，要透過哪些媒體或哪些方法、作法，才能讓更多目標消費者看到及吸引到。

🔍 圖 1-12 日本電通廣告策略規劃四大重點：TPCM

二、廣告影響力的 AUCA 模式

廣告係透過下列 AUCA 模式來影響消費者，如下圖示：

1. 知名 (Awareness)：透過廣告的曝光，使消費者認識及知曉這個企業或這個品牌，此即打造出此品牌的知名度。
2. 了解 (Understand)：接著，即了解此產品的相關資訊，包括功能、機能、效果、耐用、品質、設計、包裝、口味、成分……等。
3. 信服 (Conviction)：廣告意在使消費者能夠信服、相信產品的訴求，並且有正面的態度及認知。
4. 行動 (Action)：最後，當消費者有需求時，就會對此信服的品牌採取購買行為，以完成廣告的最終目的。

三、廣告作用的 AIDMA 模式

在廣告發生作用上，可以再分為五個階段，如下：
1. Attention (A)：即廣告可以引起消費者的注意、注目度。
2. Interest (I)：隨後會提高消費者的興趣。
3. Desire (D)：接著，會激起消費者的欲望及渴望。
4. Memory (M)：會促使記憶，加深印象。
5. Action (A)：最後，當有需求時，消費者就會採取購買行動，以滿足內心的需求。

圖 1-13　AIDMA 廣告作用模式

1-6 尼爾森媒體大調查（2021 年）

根據國內權威的尼爾森媒體大調查，其結果如下各項：

一、過去一週的五大媒體接觸率

1. 電視收視率：88%。
2. 網路＋手機瀏覽率：90%。
3. 報紙閱讀率：20%。
4. 雜誌閱讀率：18%。
5. 廣播收聽率：15%。

二、過去一週收看的電視節目類型前五名

1. 新聞類：47%。
2. 戲劇類：23%。
3. 影片（歐美）：15%。
4. 綜藝類：13%。
5. 體育類：11%。

三、過去一週的電視時段收視率

1. 晚上 8 點～9 點：50%。
2. 晚上 9 點～10 點：45%。
3. 晚上 7 點～8 點：15%。
4. 晚上 10 點～11 點：13%。
5. 晚上 11 點～12 點：11%。

四、過去一週的雜誌閱讀率（週刊）

1. 商業周刊：8.5%。
2. 天下雜誌：5.9%。
3. 今周刊：3.2%。
4. 時報週刊：2.0%。

五、過去一週的月刊雜誌閱讀率

1. 遠見：3.8%。
2. 康健：2.9%。
3. 讀者文摘：2.4%。
4. 親子天下：2.1%。
5. Smart 智富：2%。

六、過去一週的報紙閱讀率

1. 蘋果日報：20%。（註：蘋果日報已於 2021 年 3 月關門了，如今已沒有它了。）
2. 自由時報：18%。
3. 聯合報：13%。
4. 中國時報：11%。

七、過去一週的網路瀏覽率

1. LINE（手機）：90%。
2. FB（臉書）：70%。
3. YouTube：50%。
4. Google：45%。
5. IG：40%。

1-7　廣告代理商提案流程

如圖 1-14 所示，就實務來說，整個廣告代理商提案的流程步驟，有如以下幾點：

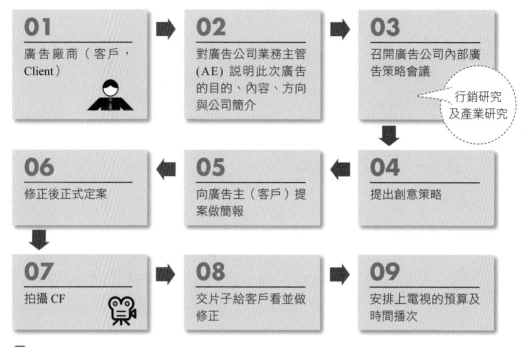

圖 1-14　廣告代理商提案及上檔流程

一、步驟 1 及 2：廣告客戶有需求時

當廣告主（廣告客戶）有製作電視廣告片需求時，即會找來廣告公司的業務 (AE) 人員，向他說明：

1. 此次廣告的目的。
2. 此次廣告的內容方向、主要訴求點、有沒有要用代言人、產品特色、傳播主軸等。
3. 公司概況、簡介及市場分析。

在這階段時，業務人員有時候也會帶創意人員一起出席、一起聆聽，以確實掌握廣告客戶的需求訊息。

二、步驟 3：廣告公司召開內部會議

回去之後，廣告公司即會針對此客戶組成專案，並召集業務人員、創意人員、策略企劃人員等，組成小組，共同討論此客戶的廣告策略及廣告提案內容架構。

三、步驟 4：創意策略

客戶想要聽的，主要是「創意提案」；因此，此時創意部負責此案的專責人員，就必須發想電視廣告的創意腳本（20 秒／30 秒）、表演人員、拍攝特色、主力訴求點等，展開提案撰寫。

四、步驟 5：向廣告主（客戶）正式提案

接著，在一～二週之後，廣告公司業務人員及創意人員，就會到客戶公司裡，正式向客戶做簡報提案。此會議上，客戶端的出席人員，會包括行銷部人員、業務人員及高階主管等共同出席聆聽及簡報後，主動討論及尋求共識。

五、步驟 6：修正後正式定案

在經過修正後，廣告公司人員可能會第二次到客戶端公司去做修正簡報；待客戶端完全同意提案後，即告正式完成且定案。爾後，廣告的拍攝，即按此次定案會議內容依據，展開製拍。

六、步驟 7：展開拍攝 TVCF

此時，廣告公司會找他們過去合作良好的傳播製作公司或製拍工作室，雙方共同開會，討論此次電視廣告片的拍攝內容及時程。此後的工作，大部分就由專案的製作公司負起責任，花費大約三～四週時間，要完成電視廣告片的製拍及完成 TV 片子的交付。

七、步驟 8

片子拍完之後，廣告公司就會攜帶片子到客戶端公司去觀看及討論，看是否還要修正哪裡。若有修正時，廣告公司還會帶回給製作公司進行修正，修正完成後，會第二次再拿到客戶公司去觀看，直到客戶端公司完全認同、同意，此時就算完成片子。

八、步驟 9

此時，客戶端必須另找媒體代理商，規劃出電視播出的媒體企劃案及媒體採購播放價格是多少；客戶確定之後，即可進入準備一、二週後，電視媒體會正式播放此支的廣告片。

除上述步驟說明外，也有如下圖所示的十項步驟，大致與前面所述類似，可供參考比較。

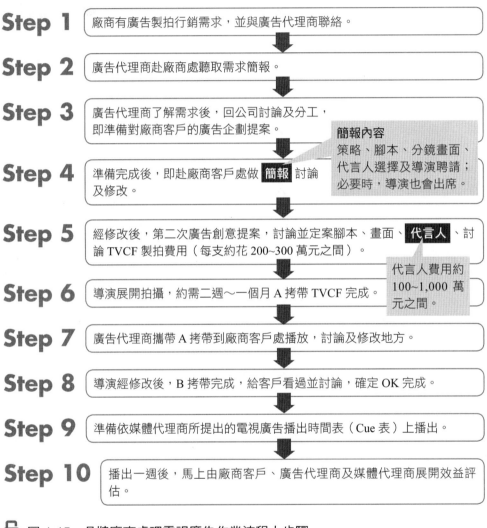

Step 1　廠商有廣告製拍行銷需求，並與廣告代理商聯絡。

Step 2　廣告代理商赴廠商處聽取需求簡報。

Step 3　廣告代理商了解需求後，回公司討論及分工，即準備對廠商客戶的廣告企劃提案。

簡報內容
策略、腳本、分鏡畫面、代言人選擇及導演聘請；必要時，導演也會出席。

Step 4　準備完成後，即赴廠商客戶處做 簡報 討論及修改。

Step 5　經修改後，第二次廣告創意提案，討論並定案腳本、畫面、代言人 、討論 TVCF 製拍費用（每支約花 200~300 萬元之間）。

代言人費用約 100~1,000 萬元之間。

Step 6　導演展開拍攝，約需二週～一個月 A 拷帶 TVCF 完成。

Step 7　廣告代理商攜帶 A 拷帶到廠商客戶處播放，討論及修改地方。

Step 8　導演經修改後，B 拷帶完成，給客戶看過並討論，確定 OK 完成。

Step 9　準備依媒體代理商所提出的電視廣告播出時間表（Cue 表）上播出。

Step 10　播出一週後，馬上由廠商客戶、廣告代理商及媒體代理商展開效益評估。

🔍 圖 1-15　品牌廠商處理電視廣告作業流程十步驟

1-8　品牌廠商廣告預算決定方法

一、廣告預算之五種決定方式

廠商廣告預算的決定方式 (Deciding the Advertising Budget)，大致有五種方

式,即銷售額占比法、競爭公司對照法、目標達成法、長期投資法,以及市占率法,如下圖示:

01 | 依年營收額比例法

02 | 依競爭對手對照法

03 | 依某種目標達成法

04 | 依市占率法

05 | 依長期投資法

廠商廣告預算決定方式

🔍 圖 1-16 廠商廣告預算決定方式

(一) 依年營收比例法

此法是比較常用的方法,亦即,廣告預算是依照品牌廠商年度營收額乘上某個比例而得出來的。

1. 案例:
   - 茶裏王飲料:年營收 20 億 × 2% = 4,000 萬元廣告預算。
   - 林鳳營鮮奶:年營收 30 億 × 2% = 6,000 萬元廣告預算。
   - 統一超商 City Café:年營收 130 億 × 0.4% = 5,200 萬元廣告預算。
   - 桂冠湯圓、火鍋料:年營收 24 億 × 2% = 4,800 萬元廣告預算。
   - 和泰 (TOYOTA) 汽車:年營收 1,000 億 × 0.3% = 3 億元廣告預算。
   - 麥當勞:年營收 250 億 × 1% = 2.5 億元廣告預算。
   - 花王全系列產品:年營收 150 億 × 1% = 1.5 億元廣告預算。
   - Panasonic 全系列產品:年營收 250 億 × 1% = 2.5 億元廣告預算。

2. 比例區間:
   一般來說,依照年營收比例法的比例範圍,大致在 1%~6% 之間最常見,但要看該公司:(1) 該品牌營業額的大小、(2) 市場競爭狀況而定、以及 (3) 各

行業性質的不同等三項因素而定。

3. 為何使用此法：

依照此法的原因，就是從這個比例中，廠商可以看出，如果調高這個比例，就會減少獲利所得，因此，它會固定在某一個比例，以守住獲利率及獲利額。

(二) 依競爭對手比較法

第二種決定廣告預算的方法，即是依據競爭對手的廣告預算而決定自身品牌的廣告預算。

1. 案例：

例如：冷氣機第一品牌日立冷氣，每年投入廣告預算為 8,000 萬元，因此，位居第二名的大金冷氣，亦以此第一品牌競爭對手為對象，也投入每年約 7,000 萬元廣告預算，互相爭戰拼鬥市占率地位。

2. 為何使用此法：

採用此法的原因，主要是看主力競爭對手投入多少廣告預算而機動應變，不能輸在廣告預算上。這也很實際且務實的作法。如果有第二名品牌投入大量廣告預算，想要超越市場第一品牌，此時，第一品牌就要採取應變而增加廣告預算。

(三) 依某種目標達成法

1. 意義：

此法，即廠商依據自己訂定的各種目標，而要達成此目標時，應投入多少廣告預算。此種方法與前述二種方法有所不同。

2. 各種目標：

此種目標，可能是：(1) 廠商為拉高新品牌的市場知名度，(2) 為搶進市場前二名市占率，(3) 為提高品牌的好感度，(4) 為達成年度某個業績成長率等各種原因。

3. 案例：

例如：金車柏克金新啤酒上市，該品牌因為沒有知名度，因此初期一年內投入 6,000 萬元廣告預算，希望達成提高它在啤酒市場知名度的主力目標。

(四) 依市占率法

第四種方法,即廠商依照市占率排名狀況而投入廣告預算。例如:機車品牌的前三名,依序為光陽、三陽及山葉機車。此三品牌的廣告投入預算,也依照其市占率 30%:25%:20% 而投入該金額的廣告預算。

(五) 依長期投資法

第五種方法,是廠商有自己長遠打造品牌資產的想法,不以短期眼光來看待。因此,以五年、十年、二十年的長期眼光,有次序、有步驟、有遠見的投入某些額度的廣告預算,而希望能夠長期經營成功這個品牌。

二、新產品廣告預算如何決定

前文所提的,都是既有產品的廣告預算決定方法,大致都有跡可尋,有脈絡可遵循;但對新產品或新品牌上市,在沒有先例狀況下,該如何決定廣告預算?

(一) 新產品廣告預算的二個基本觀念

1. 有知名度才有銷售:
   第一個觀念,即是新產品因為沒有市場知名度,因此,初期的銷售業績可能都不會好,因此一定要挪出一些廣告預算,才能逐步打響此新產品。要記住,產品一定是先要有知名度,才會帶進業績來。
2. 新產品第一年必然虧錢:
   第二個觀念,即是新產品在第一年、甚至第二年,因為先期投入不少廣告費用,但銷售量又還沒有全面提升,因此在支出大於收入的狀況下,此新產品可能會在初期必然虧損,但必須要忍耐。

(二) 新產品廣告預算之決定

一般來說,新產品在第一個年度內,至少必須投入 3,000 萬元以上廣告預算,才會逐步打響新產品。這是實務上基本認知與常識。例如:最近幾年內的新產品,包括:原萃綠茶、桂格燕麥飲、和泰 SIENTA 汽車、屈臣氏活沛多、娘家滴雞精、善存葉黃素、P&G Crest 牙膏……等新產品,當年度都投入至少 3,000~5,000 萬的廣告預算,才打響這些新產品,也才使它們順利存活下來。

1-9 整合行銷溝通的七個程序

一個完整的行銷溝通程序，可以細分為如下七個程序步驟，如下述。

一、確定目標消費族群

行銷傳播溝通的第一步，就是要先確定，此次溝通活動的目標消費族群 (TA, Target Audience) 是誰？才能有效、精準的打中目標對象，達成傳播溝通使命。因為 TA 的不同，也會影響到傳播溝通內容的不同。

二、決定溝通目標與任務

第二步，即是要決定此次溝通活動的目標與任務為何？是要提高品牌知名度？印象度？或是要鞏固市占率？或是要提高業績？或是要改變消費者的認知？目標與任務的不同，也會影響到溝通操作方法的不同。

三、設計溝通傳播訊息及內容

第三步，即要進行對付傳播溝通訊息及內容的設計規劃。如果是電視廣告片，就要設計規劃短短 30 秒廣告片，要呈現出哪些東西、有哪些對話、主角要用誰、音樂如何配合……等。如果是平面廣告稿，也要考慮如何布局及如何設計，以吸引消費者會注意觀看。

四、選擇溝通媒體通路

第四步，即要選擇傳播溝通媒體通路，讓這些廣告訊息內容，可以曝光出去，並呈現在消費者的眼前，進而希望能夠影響到消費者的認知與看法、想法。希望能選擇正確的媒體通路，才能夠精準地獲取目標客群，發揮「精準行銷」的作用。

五、決定總廣告預算

第五步，即要決定此次廣宣活動，或推廣活動的總預算要花多少錢？有多少錢可以花？預算的多或少，自然影響到整個廣宣活動規劃與聲勢的大小。例如：有 5,000 萬元的預算，跟只有 1,000 萬元的預算，二者就差距很大了，總體廣宣

活動的呈現也會差很大。

六、推廣組合運用的決定

預算決定之後,接著就可以決定有哪些推廣組合可以運用。所謂推廣組合 (Promotion Mix),即是包括了:

1. 電視廣告。
2. 網路廣告。
3. 戶外廣告。
4. 社群媒體行銷。
5. 體驗活動。
6. 記者會／發布會。
7. 媒體公關報導。
8. 促銷折扣活動。
9. 集點行銷。
10. 網紅行銷。

七、評估推廣執行後之成效

最後一個步驟,即是針對各種操作執行後,了解並評估其執行之成效,究竟如何?如果能達成既定目標與任務,那就代表執行成果良好,若無法達成目標及任務,那就代表執行成果不佳,必須盡快修正原定計畫與方法,重新再出發,重新再調整策略與方向,以求得良好的成效出現。

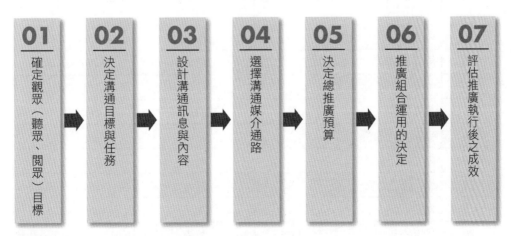

圖 1-17 管理行銷傳播溝通的七個完整步驟程序

1-10　國內廣告公司一覽表

一、國內綜合廣告公司一覽表

　　根據《動腦雜誌》所調查國內的綜合廣告公司，共計 20 家。30 人以上的中大型廣告公司，如下表所示。不過此表仍有缺漏，例如：李奧貝納、智威湯遜、宏將、彥星等知名前十大廣告公司，仍未在此次調查表裡。不過，此次調查仍值得參考。

表 1-1　國內大型綜合廣告代理商一覽表（2021 年度）

項次	公司名稱	員工人數	電話
1	奧美廣告集團	500 人	7745-1688
2	雪芃集團	119 人	2358-7667
3	ADK 臺灣	105 人	8712-8555
4	台灣電通	176 人	2506-9201
5	電通國華	112 人	2528-5977
6	臺灣博報堂	103 人	2545-6622
7	靈智精實集團	210 人	2718-5558
8	格帝集團	80 人	7707-1014
9	第一企劃行銷	112 人	6603-8588
10	聯廣集團	200 人	2627-8806
11	偉門智威	210 人	3766-1000
12	BBDO 黃禾	70 人	8786-6788
13	展望廣告	68 人	2568-1828
14	我是大衛	72 人	7719-6658
15	艾斯傳媒	50 人	2627-0368
16	臺灣麥肯集團	80 人	2758-5000
17	偉太廣告	35 人	2392-2211
18	博上廣告	37人	2516-8156
19	太笈策略	30人	6605-0808
20	華得廣告	33人	2741-1136

資料來源：整理自《動腦雜誌》。

另外，下表為 2019 年度國內前二十大廣告代理商，排名如下：

表 1-2 2019 年廣告代理商排行表

排名 2019	公司名稱	年度毛收入（萬元）
1	李奧貝納 Leo Burnett	55,045
2	奧美 Ogilvy & Mather	54,208
3	聯廣傳播集團 United	44,941
4	台灣電通 Dentsu	36,363
5	智威湯遜 JWT	31,400
6	麥肯 McCann	30,184
7	聯旭 ADK	29,120
8	靈智精實 HAVAS	28,000
9	BBDO 黃禾	27,518
10	雪芃設計 Shape	25,000
11	第一企劃 Cheil	24,500
12	電通國華 Dentsu K	24,000
13	博報廣告 HAKUHODO	21,069
14	恆美 DDB	18,458
15	太笈策略 Toplan	18,211
16	達一廣告 HSU	18,112
17	偉門整合行銷 Wunderman	17,000
18	博上 The A Team	16,200
19	展望廣告 LOOK	15,200
20	華得廣告 Target	14,829

資料來源：《動腦雜誌》。

二、世界十大廣告與傳播集團

根據 MBA 智庫百科 (http://wiki.mbalib.com) 的資料顯示，全球前十大廣告公司的排名資料，如下所述：

(一) 奧姆尼康——全球規模最大的廣告與傳播集團

- 全球廣告收入排名：第一位。
- 下屬主要公司：天聯廣告 (BBDO)、恆美廣告 (DDB)、李岱艾、浩騰媒體。

(二) Interpublic——美國第二大廣告與傳播集團

- 全球廣告業收入排名：第二位。
- 下屬主要公司：麥肯・光明、靈獅、博達大橋、盟諾、萬博宣偉公關、高誠公關。

  *麥肯・光明：全球僅次於電通的第二大廣告代理公司。

  *靈獅：源於聯合利華廣告部的「藍色」。

(三) WPP——英國最大的廣告與傳播集團

- 全球廣告業收入排名：第三位。
- 下屬主要公司：奧美 (Ogilvy & Mather, O&M)、智威湯遜 (J. Walter Thompson, JWT)、電揚、傳力媒體、尚揚媒介、博雅公關、偉達公關。
- WPP 的廣告客戶：喜力啤酒、亨氏食品、諾基亞、羅氏製藥、輝瑞、福特汽車、英美菸草、美國遠通、AT&T、格蘭素史克、IBM、雀巢、聯合利華和菲利浦－莫利斯等超大型跨國公司的知名品牌。
- 智威湯遜：品牌創建為先。
- 奧美整合傳播：業務眾多的「360 度品牌管家」。
- 奧美環球 (Ogilvy & Mather Worldwide) 於 1948 年「現代廣告之父」大衛・奧格威 (David Ogilvy) 在紐約始創。

  *目前其在中國的客戶，包括 IBM、摩托羅拉、寶馬、殼牌、中美史克、柯達、肯德基、上海大眾、聯合利華和統一食品等。

(四) 陽獅集團——法國最大的廣告與傳播集團

- 全球廣告業收入排名：第四位。
- 下屬主要公司：陽獅中國、盛世長城、李奧貝納公司、實力傳播、星傳媒體。
- 實力傳播：在華規模最大的媒體購買公司，是全球第四大媒體購買公司。

(五) 電通——日本最大的廣告與傳播集團

- 全球廣告業收入排名：第五位。

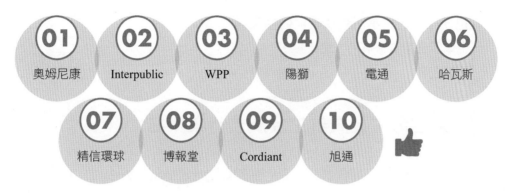

🔒🔍 圖 1-18 全球前十大廣告與傳播集團

・下屬主要公司：電通傳媒、電通公關。

(六) 哈瓦斯——法國第二大廣告與傳播集團

・全球廣告業收入排名：第六位。

・下屬主要公司：靈智大洋、傳媒企劃。

(七) 精信環球——最具獨立性的廣告與傳播集團

・全球廣告業收入排名：第七位。

・下屬主要公司：精信廣告、Grey Direct、GCI、領先媒體、安可公關。

・該公司為寶潔服務的時間超過四十年。

(八) 博報堂——日本最具創意的廣告集團

・全球廣告業收入排名：第八位。

・下屬主要公司：博報堂廣告——是日本排名第二的廣告與傳播集團，也是日本歷史最久的廣告公司。1996 年 9 月與上海廣告有限公司合資成立上海博報堂廣告公司，並於 1998 年和 2000 年先後在北京和廣州設分公司。

(九) Cordiant——全球第九大廣告集團

・全球廣告業收入排名：第九位。

・下屬主要公司：達比思廣告。

・2003 年 6 月，廣告界傳出重要消息：全球第三大廣告集團 WPP 在與第四大廣告集團「陽獅」及主要債權人「賽伯樂」(Cerberus) 的競標中勝出，以 4.45 億美元收購陷入財務危機的 Cordiant。

(十) 旭通——日本第三大廣告與傳播集團

・全球廣告業收入排名：第十位。

・下屬主要公司：旭通廣告、ADK 歐洲。

1-11　國內主要廣告主及廣告行業排名

一、國內前十六大廣告主之五大媒體廣告量排名（2020 年）

排名	廣告主（廠商）	年度廣告量（元）
1	民視（娘家）	6.7 億
2	桂格食品	5.8 億
3	三得利（日本）保健食品 (Suntory)	5.8 億
4	普拿疼、伏冒	4.1 億
5	統一企業	3.9 億
6	P&G 寶僑食品	3.8 億
7	臺灣麥當勞	3.4 億
8	臺灣松下 (Panasonic)	3.4 億
9	和泰汽車 (TOYOTA)	2.8 億
10	白蘭氏	2.6 億
11	花王臺灣	2.5 億
12	聯合利華	1.9 億
13	光陽機車	1.9 億
14	全聯超市	1.9 億
15	統一超商	1.6 億
16	臺灣日立家電	1.6 億

二、國內前十大廣告主行業分析（2020 年）

　　根據尼爾森媒體大調查，國內在 2020 年度，廣告主在五大媒體（電視、報紙、雜誌、廣播、戶外）所投放的年度廣告量，前十大行業，依序如下表：

排名	行業別	年廣告量（元）
1	醫藥、保健	57 億
2	建築	24 億
3	其他類	21 億
4	汽車／機車	21 億
5	3C 及手機	20 億
6	服務業	17 億
7	文康業	14 億
8	影劇媒體業	14 億
9	食品、飲料	13 億
10	化妝保養品	12 億

1-12 臺灣行銷、廣告、傳播集團組成明細（2021 年）

根據國內《動腦雜誌》所調查的臺灣行銷、廣告、傳播集團的組成明細，包括有如下：

一、WPP 集團

(一) 臺灣奧美集團
- 奧美廣告
- 奧美行銷
- 奧美公關
- 世紀奧美公關
- 達比思廣告
- 我是大衛廣告

(二) 群邑集團
- 傳立媒體代理商
- 媒體庫媒體代理商

・競立媒體代理商

(三) 偉門智威廣告

(四) 凱度市調、洞察

二、奧姆尼康集團 (Omnicom)

(一) 宏盟媒體集團

・浩騰媒體代理商

・奇宏策略媒體代理商

(二) 黃禾 BBDO 廣告

三、Publics 集團

(一) 李奧貝納集團

・李奧貝納廣告

・上奇廣告

・陽獅廣告

・雙向明思力公關

(二) 陽獅媒體集團

・星傳媒體代理商

・實力媒體代理商

・博豐數位媒體代理商

四、IPG 集團

(一) 邁肯廣告

(二) 浩森廣告

(三) 高誠公關

(四) 萬博宣偉公關

(五) 艾比傑媒體代理商

五、Havas 集團

(一) 靈智廣告

(二) 方略廣告

(三) 靈智精實行銷

(四) 漢威士媒體

六、ADK 集團

(一) 太一廣告

(二) ADK 廣告

(三) 聯旭廣告

七、電通集團（日本最大廣告集團）

(一) 台灣電通廣告

(二) 電通國華廣告

(三) 貝立德媒體代理商

(四) 偉視捷媒體代理商

(五) 凱絡媒體代理商

(六) 安索帕數位

(七) 新極現廣告

八、格威傳媒集團

(一) 聯廣集團

　‧聯廣廣告

　‧聯眾廣告

　‧聯勤公關

　‧艾斯廣告

(二) 米蘭營銷

(三) 先勢公關集團

(四) 光洋波斯特展覽

九、臺灣博報堂集團

(一) 臺灣博報堂廣告

(二) 博報堂知達媒體

(三) 二〇〇八傳媒

十、宏將集團（臺灣最大本土廣告公司）

(一) 宏將廣告

(二) 佳聖媒體

(三) 多利安經紀

(四) 展將數位

(五) 上海宏將廣告

十一、精英公關集團（臺灣最大公關集團）

(一) 精英公關

(二) 經典公關

(三) 精采公關

(四) 楷模公關

(五) 精華公關

1-13　國內前六十大廣告主名稱及其年度廣告量排名（2020 年）

廣告量單位：千元

排名	企業名稱	無線	有線	報紙	雜誌	電臺	合計
1	佳格食品（股）公司	290,635	1,375,426	531	1,297	1,621	1,669,510
2	臺灣三得利（股）公司	77,302	802,779	220,728	182		1,100,991
3	臺灣麥當勞餐廳（股）	143,222	592,066	36,708	6,877	2,316	781,189
4	荷商葛蘭素史克藥廠	84,999	602,432				687,432
5	聯合利華（股）公司	72,218	610,613		388		683,219
6	和泰汽車（股）公司	23,067	568,138	40,167	18,048	22,636	672,057
7	臺灣花王（股）公司	45,365	555,000	2,796	1,848		605,009
8	臺松電器販賣（股）	69,180	473,856	25,332	8,686	4,788	581,842
9	統一企業（股）公司	130,343	405,570	9,713	6,911	10,557	563,094
10	全聯福利中心	36,654	231,823	279,401	194	510	548,582
11	全民電視臺股份公司	182,692	279,220	78	501		462,491
12	統一超商（股）公司	64,521	308,841	979	39	61,100	435,479
13	裕隆汽車製造（股）	39,529	332,984	24,294	10,844	3,930	411,581
14	好來化工（股）公司	68,867	326,378	265	117		395,627
15	臺灣菸酒（股）公司	44,690	267,906	60,169	15,652	718	389,135
16	光陽工業（股）公司	33,220	322,517	15,232	6,455	735	378,159
17	臺灣食益補（股）公司	51,989	316,129	4,819		880	373,818
18	璩山林營建（股）公司			371,004	176		371,180
19	臺灣日立綜合空調	70,709	248,214	30,917	10,676	10,656	371,171
20	寶僑家品（股）公司	40,990	303,696		4,354		349,040

排名	企業名稱	無線	有線	報紙	雜誌	電臺	合計
21	保力達股份有限公司	85,796	222,990		150	23,400	332,336
22	興富發建設（股）公司	989	14,740	266,886	3,003	19,239	304,856
23	中華汽車工業（股）	29,155	240,340	10,761	8,154	9,267	297,676
24	屈臣氏個人用品商店	57,687	198,287	25,289	286		281,549
25	愛之味股份有限公司	62,484	170,712	29,981	2,574	10,532	276,284
26	臺灣雀巢（股）公司	63,057	204,147	2,013	1,258		270,476
27	德恩奈國際（股）公司	34,269	228,042				262,310
28	臺灣山葉機車工業	29,228	194,664	13,606	13,323	4,631	255,452
29	臺灣曼秀雷敦（股）	6,111	248,749		176		255,036
30	維他露食品（股）公司	53,313	198,274	1,177	257	511	253,532
31	臺灣速霸陸（股）公司	23,897	204,206	17,831	1,282	5,721	252,938
32	瓏山林事業（股）公司			246,514	1,222		247,736
33	臺灣三星電子（股）	45,534	198,283	1,048	336	386	245,587
34	汎德股份有限公司	6,933	204,975	3,906	9,179	13,637	238,630
35	臺灣萊雅（股）公司	30,384	177,978	218	23,147		231,728
36	日立家電（股）公司	33,071	188,869	4,326			226,266
37	聯邦商業銀行（股）	3,908	28,556	188,564			221,028
38	臺灣惠氏（股）公司	38,752	180,728	99			219,579
39	愛山林建設公司			216,253		171	216,424
40	美商華納兄弟（遠東）	16,852	198,673			290	215,814
41	大法貿易有限公司	71,435	143,357				214,793

排名	企業名稱	無線	有線	報紙	雜誌	電臺	合計
42	大裕藥業（股）公司	121,877	87,645		1,443		210,965
43	巴拿馬商帝亞吉歐	21,141	149,670	21,404	15,418		207,633
44	聯華食品工廠（股）	19,610	180,257	2,076	2,130	1,904	205,978
45	全國電子（股）公司	13,450	52,460	135,427		1,520	202,858
46	臺灣百勝肯德基（股）	22,564	176,154	3,393			202,111
47	香港商安佳（遠東）	45,663	151,994	66	956		198,678
48	品爵汽車（股）公司	11,940	155,831	11,758	8,556	9,769	197,854
49	第五大道建設有限公司			196,678			196,678
50	美商亞培（股）公司	53,435	134,464	4,378			192,277
51	三洋藥品工業（股）	74,710	117,043				191,752
52	矓山林房屋（股）公司			187,663			187,663
53	臺灣武田藥品工業	35,643	149,710			1,460	186,813
54.	太古可口可樂（股）	22,009	162,011	265			184,285
55	耐斯企業（股）公司	33,931	145,030	62	2,451	2,707	184,181
56	法徠麗國際（股）公司	33,352	148,505		1,056		182,913
57	京都念慈菴藥廠（股）	28,838	153,209				182,047
58	嬌聯股份有限公司	22,475	153,214		4,739		180,427
59	金車股份有限公司	19,545	137,406	2,485	8,214	12,513	180,162
60	黑松股份有限公司	26,406	151,368	86	208		178,068

資料來源：中華民國廣告年鑑，2020 年。

依據上表來看，國內每年廣告金額支出最多的前二十大廣告主（廠商），依序如下排名：

第一大：佳格食品公司，即桂格品牌（年廣告量 16.6 億元）。

第二大：臺灣三得利公司，日商保健食品公司（年廣告量 11 億元）。

第三大：臺灣麥當勞公司（年廣告量 7.8 億元）。

第四大：荷商葛蘭素史克藥廠，即伏冒、普拿疼、肌立品牌（年廣告量 6.8 億元）。

第五大：聯合利華公司，即 Lux 麗仕、多芬、白蘭……等品牌（年廣告量 6.8 億元）。

第六大：和泰汽車公司，即 TOYOTA 汽車品牌（年廣告量 6.7 億元）。

第七大：臺灣花王公司，即花王及 BIORE 品牌（年廣告量 6 億元）。

第八大：臺松電器公司，即 Panasonic 品牌（年廣告量 5.8 億元）。

第九大：統一企業（年廣告量 5.6 億元）。

第十大：全聯超市（年廣告量 5.4 億元）。

第十一大：民視，即娘家滴雞精、益生菌品牌等（年廣告量 4.6 億元）。

第十二大：統一超商，即 7-11（年廣告量 4.3 億元）。

第十三大：裕隆汽車公司（年廣告量 4.1 億元）。

第十四大：好來化工公司，即黑人牙膏（年廣告量 3.9 億元）。

第十五大：臺灣菸酒公司，即台灣啤酒品牌（年廣告量 3.8 億元）。

第十六大：光陽機車公司（年廣告量 3.7 億元）。

第十七大：臺灣食益補公司，即白蘭氏品牌（年廣告量 3.7 億元）。

第十八大：瓏山林建設公司（年廣告量 3.7 億元）。

第十九大：臺灣日立公司，即臺灣日立冷氣品牌（年廣告量 3.7 億元）。

第二十大：P&G 臺灣寶僑公司，即飛柔、海倫仙度絲、潘婷、SK-II、幫寶適、好自在等品牌（年廣告量 3.49 億元）。

01
- 桂格
- 天地合補
（16.6 億）

02
- 三得利
（11 億）

03
- 麥當勞
（7.8 億）

04
- 伏冒
- 普拿疼
- 肌立
（6.8 億）

05
- Lux
- 多芬
- 白蘭
（6.8 億）

06
- TOYOTA 汽車
（6.7 億）

07
- 花王
- BIORE
（6 億）

08
- Panasonic
（5.8 億）

09
- 瑞穗
- 陽光豆漿
- AB 優酪乳
- 統一泡麵
（5.6 億）

10
- 全聯超市
（5.4 億）

11
- 娘家滴雞精、
  益生菌
（4.6 億）

12
- 統一超商
- City Café
（4.3 億）

13
- 裕隆汽車
（4.1 億）

14
- 黑人牙膏
（3.9 億）

15
- 台灣啤酒
（3.8 億）

16
- 光陽機車
（3.7 億）

17
- 白蘭氏
（3.7 億）

18
- 瓏山林建設
（3.7 億）

19
- 日立冷氣
- 日立家電
（3.7 億）

20
- 飛柔
- 海倫仙度絲
- 幫寶適
- SK-II
（3.4 億）

🔍 圖 1-19　每年廣告額支出最多的前二十大廣告主品牌（2020 年）

1-14 媒體廣宣的四大戰略面向

從最高的戰略面向來看，一個大型的媒體廣宣傳播，主要有四個面向要做好，如下圖所示：

一、行銷戰略目標

終極來說，行銷的戰略目標，就是要獲得及達成下列三項：

· 達成營收、業績目標。
· 達成獲利、賺錢目標。
· 達成鞏固及提高市占率目標。

二、溝通傳播戰略

廠商品牌端客戶希望達成他們在消費者心目中，有下列三件事：

· 要提高消費者對該品牌的良好認知度、優良形象度。
· 要提高對該品牌的知名度及好感度。
· 要提高對該品牌的購買意向度及實際購買率。

三、創意戰略

接下來，實際工作時，第一個要重視的是廣告片或廣告稿面的創意戰略；希望廣告公司及委外製作公司，能夠做出一支叫好又叫座的成功廣告片 (TVCF)，並且將品牌的印象深刻在消費者內心深處，成就對該品牌的「心占率」。

四、媒體戰略

最後，第四個面向，要做好的是媒體戰略；如何透過正確且精準的媒體選擇、媒體組合及媒體比率的運作，能夠最大曝光率呈現在目標客群的印象裡，而產生最佳的媒介傳播效果。

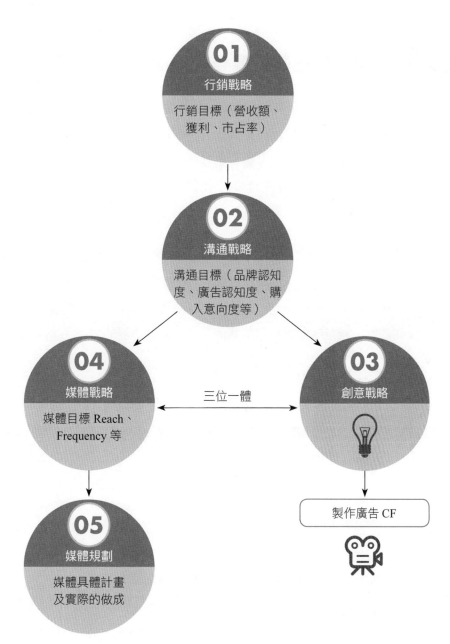

🔍 圖 1-20 媒體廣宣的四大戰略面向

1-15 如何選擇正確的廣告代理商六原則

景氣復甦的綠燈接連亮起，許多廣告主對即將到來的復甦開始摩拳擦掌，此刻，正是廣告主尋找品牌夥伴的重要時機。而在臺灣廣告代理業的運作已日臻成熟的此刻，廣告主是否有更聰明、更有效益的方法尋找品牌專家，好降低以往必須耗費高成本、卻不見得有具體效益的「比稿」決策模式所帶來的錯誤風險？

對於如何聰明地選擇品牌夥伴，有以下觀點分享：

一、以尋找「事業夥伴」的觀點，來選擇廣告代理商

在行銷計畫裡，能提供整合行銷傳播服務的廣告公司，無疑的將在廣告主與消費者的溝通過程中，扮演最吃重的角色，以尋找「事業夥伴」的觀點來取代上下游廠商的觀點，能幫助你找到同舟共濟、一起拓展市場的夥伴。

二、善用廣告公司「品牌打造」的專業

無國界時代的來臨，企業如想要永續經營，不能再將眼光侷限於單一市場，必須以國際化競爭的視野看待自身的產品，「品牌資產」的打造及累積，將會讓你的銷售成長事半功倍，因而，廣告公司「品牌打造」的專業，將為你的企業加值。

三、釐清自身的行銷需求

對自身的行銷需求作詳細的討論及清楚的設定，並與廣告代理商作充分的溝通，準確的需求界定能讓你的事業夥伴的目標意識更清晰且一致。

四、多方蒐集相關廣告代理公司的資訊

事先蒐集廣告代理的經營理念、Know-how、規模、對產業的熟悉度、在業界口碑等，有助於下一階段的洽談。而在業界探聽其風評、觀察其以往作品表現，及從專業的報章雜誌，可協助你獲得相當的資訊。

五、以面談甄選取代比稿

面談能進一步了解合作團隊的品牌理念、特質、人才組成及溝通模式，而想

要找到想法一致、對客戶壓力能感同身受的夥伴，面談往往較比稿更具實質效益。

六、提供合理的專業價格，並給予鼓勵與尊重

廣告公司是提供服務的行業，提供合理的價格，有助於找到更多優秀的人才，經常地鼓勵與尊重，會讓這些專業人才，為你的產品竭盡所能。

01 多方蒐集相關廣告公司的資訊	02 以尋找事業夥伴觀點，來選擇廣告代理商	03 善用廣告公司品牌打造專業
04 確定自身的行銷需求	05 以面談甄選取代比稿	06 提供合理專業價格，並給予鼓勵與尊重

圖 1-21 如何選擇正確的廣告代理商之六項原則

1-16 五大傳統媒體廣告量已下跌到 303 億

依據尼爾森廣告量統計調查，顯示五大傳統媒體廣告量（電視、報紙、雜誌、廣播、戶外），已從 2015 年的 416 億元，下滑到 2019 年的 303 億元，短短四年間，五大傳媒廣告量已減少 100 億元之多。其中，電視下滑 5%，報紙衰退16.3%，雜誌衰退 15%。如下表：

表 1-3 五大傳統媒體廣告量（2019 年）

電視	報紙	雜誌	廣播	戶外	合計
195 億	30 億	18 億	15 億	40 億	303 億

1-17 國內廣告主對廣告代理商、媒體代理商及公關公司的建議（《動腦雜誌》問卷調查報告）

一、廣告主對「廣告代理商」的建議

(一) 長期策略思考上，希望能有更明確的主張與建議。

(二) 希望能夠節省製作經費。

(三) 成本控制及時效性應再加強。

(四) 創意與預算應能平衡。

(五) 服務團隊應更穩定，素質也希望再提升。

(六) 希望能以提案團隊實際執行作業。

(七) 應再深入了解客戶的策略需求。

(八) 須更了解商品的目標。

(九) 維持團隊的穩定度與專業性。

(十) 製作物執行力方面應再加強。

(十一) 策略能力要再加強。

(十二) 主動提案的積極性欠缺。

(十三) 與客戶溝通不足，以致不理解客戶需求。

(十四) 期待創意能再突破。

(十五) 行銷策略的建議與規劃著墨較深，但與創意的連結度有差距。

(十六) 對商品行銷方案之好感度及新鮮感仍須加強。

圖 1-22　對廣告代理商的其中五項建議

二、廣告主對「媒體代理商」的建議

(一) 創意及策略思考方面，還有進步的空間。

(二) 能在規劃執行力等方面再加強。

(三) 能注意 GRP 的目標達成率及一些非大眾媒體的議價優勢。

(四) 可以提早介入行銷策略的作業程序。

(五) 提升新進人員的策略判斷力。

(六) 協調媒體間的競爭，以降低客戶直接承受媒體壓力的程度。

(七) 掌控媒體排程的彈性，以免影響後續優惠成本的價格。

(八) 能針對不同產品線，在媒體策略與運用建議上，可以更有創意。

(九) 可以再多研究如何降低 CPRP。

(十) 避開整點的 Cue，並注意蓋臺問題，事後報告改用書面，會比較完整。

(十一) 媒體購買成本的控制。

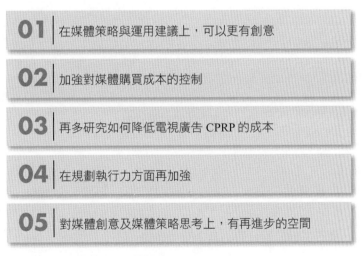

01 在媒體策略與運用建議上，可以更有創意

02 加強對媒體購買成本的控制

03 再多研究如何降低電視廣告 CPRP 的成本

04 在規劃執行力方面再加強

05 對媒體創意及媒體策略思考上，有再進步的空間

圖 1-23　廣告主對媒體代理商的其中五項建議

三、廣告主對「公關公司」的建議

(一) 如果收費可以再低一點會更好。

(二) 希望能深入了解廣告主每次行銷活動的目標，深度溝通了解專業與實際的差
　　 異性，才能達到雙贏的效果。

(三) 成本及時間的掌控，還可以再加強。

(四) 可以再多一些創意思考及執行方式。

(五) 希望能有更多的創意及創造議題的能力。

(六) 溝通過程及時效掌握度再精準些會更好。

(七) 多重目標的設定，有時無法達到預定的活動效益。

(八) 活動創意還有進步的空間。

(九) 對於執行細節，希望能更謹慎及專注。

(十) 希望能與客戶深度溝通，並注意個案的時效掌控。

(十一) 成本控制可再加強。

(十二) 如果對執行細節更用心，那就相當完美了。

(十三) 成本控制應再加強。

(十四) 必須更了解新聞工作者的習性與概念，以掌握媒體環境的趨勢。

(十五) 在某些執行細節上，還有進步的空間。

01 活動創意還有進步的空間

02 如果對執行細節再用心，那就相當完美了

03 收費希望再低一些

04 對於執行細節希望更加專注

05 希望能深入了解每次行銷活動的目標，注意是否達成目標

圖 1-24　廣告主對公關公司的其中五項建議

1-18 國內二大廣告機構組織簡介（4A 及 MAA）

一、臺北市廣告業經營人協會 (4A)：建立優質廣告環境

(一) 4A 成立背景環境

臺北市廣告業經營人協會（以下簡稱 4A）的創立，即是 1987 年由一群廣告

代理商的經營者所發起，當時外在經濟環境和廣告產業的內在環境，急需一個業界組織，為廣告業凝聚共識，以建構產業的專業標準。4A 的前身，原為「綜合廣告業經營者聯誼會」，於 1987 年成立，並自 1993 年正式更名為臺北市廣告業經營人協會。

　　1986 年時，因國際性廣告代理商，如奧美、靈獅等來臺，為臺灣廣告業帶來衝擊。當時來臺的國際性廣告代理商，多以併購本土廣告代理商，或自行成立公司，落地生根。

　　當時外商即以高薪、高位的方式向本土廣告代理商挖角，造成本土廣告代理商人員大遷移。外商來臺同時帶來新收費制度，不同本土廣告代理商向媒體收取 20% 的佣金費用，外商採取 15% 的佣金收費，使本土廣告代理商因此利潤下降。

　　當時基於生存危機、挖角不斷和維護廣告業尊嚴等因素，於是決定與廣告業資深人士共同發起，組織一個由本土和國際性廣告代理商的聯誼會，希望藉著聯誼，能讓本土和國際性廣告代理商，共同討論產業環境，並解決上述本土廣告代理商碰到的困境。

(二) 4A 的宗旨：建立優質廣告環境

　　臺北市廣告業經營人協會 (4A) 的成立，是以謀求廣告業之共同利益為最高宗旨。不管外在環境如何變遷，成立的宗旨與目標將永恆不變！4A 堅持原始設立的宗旨和目標原則，共同齊心致力於產業環境的優質化。

(三) 4A 提供多元服務

　　4A 最具體的表現與成績，應該是 4A 自由創意獎，4A 自由創意獎和時報廣告獎。可說是臺灣廣告業最重要的獎項。時報廣告獎由《中國時報》主辦，但 4A 自由創意獎是由 4A 和《自由時報》合辦。4A 創意獎自 1991 年起舉辦，1999 年起，因財務等考量，始與《自由時報》合辦，並更名為 4A 自由創意獎。除具指標性的 4A 自由創意獎，4A 這些年來也考量國內廣告法規環境，定期為會員舉辦法律研習講座，分享各廣告公司的親身經歷。另外，近來與臺北市媒體服務代理商協會 (MAA) 所舉辦的收視率評估，也是 4A 為會員公司提供的服務。4A 並致力參與及探討著作權法和公平交易法對廣告業的影響，另外並將廣告業納入勞基法範圍，以保障廣告人權益。

二、媒體服務代理商協會 (MAA)

(一) MAA 的組織成員

　　媒體服務代理商協會（以下簡稱 MAA）的成立，不僅提供媒體公司意見交流的園地，透過這個組織，所有會員對於媒體環境更可進行深入的研究探討，突破窠臼，共同為臺灣的媒體服務打造新天地。

　　2003 年，博崍媒體與極致傳媒於 4 月正式加入 MAA，目前共有 17 家媒體代理商會員（薄荷、浩騰、實力、澄豐、凱絡、媒體庫、傳立、優勢麥肯、貝立德、霞飛、星傳、宏將、巨麥、雁星、珩瑛、極致傳媒、博崍），所有會員的媒體承攬額占臺灣市場的 60% 以上。MAA 亦期許日後能夠招募志同道合的媒體代理商同業，加入 MAA，共同創造媒體環境。

(二) MAA 成立的目的

　　媒體公司是一個新的產業，許多人在將其定位為單純的「媒體購買公司」之際，更提出該市場是否已趨於飽和之疑問，但實際上，媒體公司的成長空間是極有彈性的。而成長不僅僅侷限於承攬額的大小、服務內容、策略層次等，都是媒體公司所應主動提升的。MAA 成立的意義就在當媒體代理商產業在升級的當中，不論是人才的培養、客戶或媒體之間的共識等，MAA 提供機會予會員能共同研究、訓練、或跟相關產業進行溝通，以產生影響力。

三、廣告主對 MAA 的服務期望

　　根據 MAA 在 2018 年度對廣告主發出的問卷調查，結果顯示他們花了廣告預算之後，對媒體購買代理商期望項目的優先順序排名，依序如下：

　　　　1. 提供創意媒體企劃：媒體組合　　　　42%

　　　　2. 加強購買能力　　　　19%

　　　　3. 提供專業媒體評估與建議　　　　17%

　　　　4. 公開且透明的媒體價格　　　　17%

　　　　5. 加強整合行銷／整體規劃　　　　11%

　　　　6. 提供完整市場／競品訊息　　　　11%

考試及複習題目（簡答題）

一、請列出廣告的七個種類。

二、請列出目前最常使用 Call-in 銷售型廣告的保健食品日商，是哪一家公司？

三、請問消費品行業最常出現的廣告類型為何？

四、請列出廣告最重要的二大功能為何？次要三大功能又為何？

五、請列出廣告的四種價值為何？

六、請列出成功廣告片的六大面向條件為何？

七、請列出廣告產業價值鏈的六個組成項目為何？

八、請列出知名廣告代理商至少三家。

九、請列出知名媒體代理商至少三家。

十、請列出廣告 5 說為何？

十一、請列出傳播廣告的 5W 為何？

十二、請列出廣告公司的 6C 為何？

十三、請列出日本電通廣告公司的廣告策略規劃四大重點 TPCM 為何？

十四、請列出廣告影響力的 AUCA 模式為何？

十五、請列出廣告作用的 AIDMA 模式為何？

十六、請列出尼爾森媒體大調查中的過去一週五大媒體接觸率為何？

十七、請列出過去一週收看電視節目類型最高的二種為何？

十八、請列出過去一週收看電視時段的最高二個時段為何？

十九、請列出過去一週雜誌閱讀率最高的是哪一個週刊？

二十、請列出過去一週報紙閱讀率最高的是哪一個報紙？

二十一、請列出過去一週網路瀏覽率最高的二種為何？

二十二、請列出廣告代理商提案的流程為何？

二十三、請列出廣告預算決定的五種方式為何？

二十四、請列出新產品廣告預算的二個基本觀念為何？

二十五、一般來說，新產品在第一個年度內，至少必須投入多少廣告預算，才會
　　　　逐步打響品牌知名度？

二十六、請列出行銷傳播溝通的七個完整步驟程序為何？

二十七、請列出 2019 年度國內前三大廣告公司排名為何？

二十八、請列出全球規模前三大的廣告與傳播集團的名稱為何？

二十九、請列出國內第一大廣告主行業為何？

三十、請列出臺灣奧美廣告公司是屬於全球哪一個廣告集團？

三十一、請列出臺灣浩騰及奇宏媒體公司是屬於全球哪一個廣告傳播集團？

三十二、請列出臺灣李奧貝納及陽獅公司是屬於全球哪一個廣告傳播集團？

三十三、請列出日本最大的廣告集團是哪一家？

三十四、請列出臺灣最大本土廣告公司是哪一家？

三十五、請列出臺灣最大公關集團是哪一家？

三十六、請列出臺灣每年廣告額支出最多的前二十大廣告主（公司）的任何五家
　　　　為何？

三十七、請列示媒體廣宣的四大戰略面向為何？

三十八、請列示如何正確選擇廣告代理商的六項原則為何？

三十九、請列示五大傳統媒體廣告量，已下跌到多少億？

四十、請列示 4A 公司的全文名稱為何？請列示 MAA 的全文名稱為何？

Chapter **2**

電視廣告概述

2-1　電視廣告的優點、正面效果、缺點及預算估算

電視廣告 (TVCF) 迄今仍是廠商最主要的首選刊播媒體。為何它在網路盛行的時代下，仍能如此獨領風騷？

一、電視廣告的優點

電視廣告之所以能發揮效益，在於電視具有以下三個優點，一是電視具有影音聲光效果，最吸引人注目。二是臺灣家庭每天開機率高達 90% 以上，是最高的觸及媒體，代表每天觸及的人口最多，效果最宏大。三是電視屬於大眾媒體，而非分眾媒體，各階層的人都會收看。

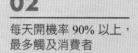

01 具影音效果，最吸引人注目

02 每天開機率 90% 以上，最多觸及消費者

03 是大眾媒體，而非分眾媒體

🔍 圖 2-1　電視廣告三優點

二、電視廣告的正面效果

電視廣告的正面效果包括三點，一是短期內打產品知名度（或品牌知名度）效果宏大。二是長期為了維繫品牌忠誠度，並具有提醒 (Reminding) 效果。三是促銷活動型廣告與企業形象型廣告，均有顯著效果。

電視廣告效果

01 短期內，可打響產品知名度

02 長期具品牌維繫的提醒效果

03 若搭配促銷型廣告，可提高業績

🔍 圖 2-2　電視廣告的正面效果

三、電視廣告的缺點

　　既然電視廣告效果宏大，為什麼仍有中小型廠商不用呢？這當然是因為電視廣告的費用太高了。電視廣告刊播成本可說是所有各大媒體中的最高者。一般中小企業負擔不起，只有中大型公司才有能力上廣告。一般來說，平均每 30 秒一支廣告，在民視、三立八點檔戲劇臺播出一次，即要至少 4 萬元以上成本支出。

四、電視廣告刊播預算估算

(一) 新產品上市：至少要 3,000 萬元以上才夠力，一般在 3,000~5,000 萬元之間，才能打響產品知名度。

(二) 既有產品：要看產品的營收額大小程度，像汽車、手機、家電、資訊 3C、預售屋等，營收額較大者，每年至少花 5,000 萬～1 億元之間。一般日用消費品的品牌，約在 3,000~5,000 萬元之間。

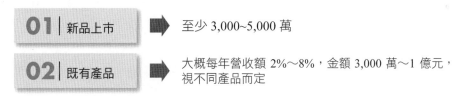

📷 圖 2-3　電視廣告刊播預算估計

2-2　電視廣告頻道配置原則、收視族群輪廓及效果評估

一、電視廣告的頻道配置原則

　　電視廣告的頻道配置選擇有兩大原則。首先，要看產品的 TA 屬性與電視頻道及節目收視觀眾群是否具有一致性；再者，要選擇較高收視率的頻道及節目。

　　在產品目標市場屬性要與電視頻道及節目收視觀眾群一致性部分，例如：汽車、藥品、信用卡、預售屋等產品，就上新聞類頻道節目；洗髮精、沐浴乳等產品，則上綜合臺、電影臺頻道節目。

　　至於要選擇較高收率的頻道及節目部分，例如：新聞臺以 TVBS 新聞、三立

新聞、東森新聞為主；綜合臺以三立臺灣臺、民視綜合臺為主；電影臺以東森國片、洋片臺為主；新知臺以 Discovery、國家地理頻道為主。

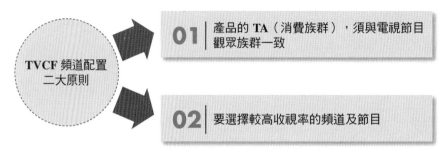

圖 2-4　電視廣告頻道配置選擇二原則

二、電視收視族群的輪廓

電視收視族群的輪廓 (Profile) 有以下六種，包括：1. 地區別（北、中、南、東）；2. 年齡層（0~7；8~12；13~18；19~22；23~30；31~35；36~40；41~50；51~60；61 以上）；3. 性別（男、女）；4. 學歷別（國小、國中、高中、大學、研究所）；5. 工作性質別（白領、藍領、退休、家庭主婦、學生），以及 6. 所得別（低、中、高所得）。

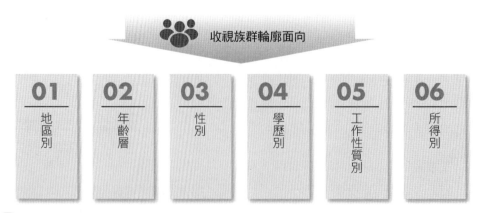

圖 2-5　電視收視族群的六種輪廓

三、電視廣告片內容之訴求與呈現

電視廣告片內容訴求方式與強調重點，包括：1. 產品獨特性與產品差異化特色；2. 產品功能與效用；3. 促銷活動內容；4. 帶給消費者的利益點；5. 名人、藝人證言式廣告內容；6. 心理滿足訴求；7. 服務訴求；8. 幽默、有趣訴求；9. 唯美畫面訴求；以及 10. 反面恐怖訴求。

01 產品獨特性與產品差異化特色	**06** 心理滿足訴求
02 產品功能與效用	**07** 服務訴求
03 促銷活動訴求	**08** 幽默、有趣訴求
04 帶給消費者利益點訴求	**09** 唯美畫面訴求
05 名人、藝人證言式訴求	**10** 反面恐怖訴求

圖 2-6　電視廣告片的十種訴求方式

四、決定電視廣告花費效果的因素

哪些因素決定電視廣告花費的效果呢？1. 先是吸引人的電視廣告片 (TVCF)。2. 其次是適當且足夠的電視廣告預算編列，讓廣告曝光度足夠。3. 再來是有效的媒體組合 (Media-mix Planning) 規劃，讓更多的 TA 看到這支廣告片。4. 還有，不要忘了，也是最重要的，就是「產品力」。5. 市場競爭的激烈狀況。以及 6. 經濟景氣等六大因素。

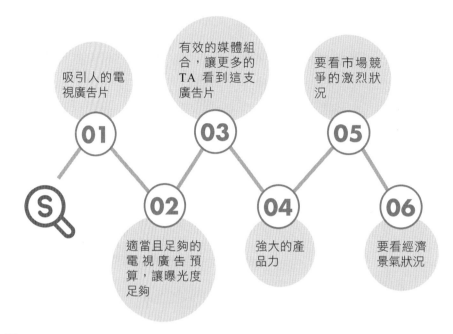

圖 2-7　決定電視廣告花費效果的六大因素

五、評估廣告效果

　　所謂廣告效果，簡單地說，就是廣告主把廣告作品透過媒體揭露之後，產生的影響。這影響包括：1. 有沒有看過這個廣告（廣告認知效果），2. 這個廣告在傳達什麼訊息，3. 喜不喜歡這個廣告（偏愛效果），4. 會不會受廣告影響而購買這個產品（廣告促購效果）等。在實施廣告效果評估時，通常會針對以上幾個指標進行調查。

　　一般來說，評估廣告效果 (Evaluating Advertising Effectiveness) 可分為事前測試 (Pre-Testing) 與事後評估 (Post-Evaluating)。

(一)「事前測試」的目的在於廣告未正式播出之前，先行觀察對象的反應，是否能達到預期的廣告目的，以免投入大量廣告費用後，效果不彰，甚至是反效果時，白白浪費了行銷資源。而透過「事後評估」，以檢測媒體安排的好壞，並再度了解該廣告對視聽大眾的影響程度。

　　「事前測試」的素材可以是 Storyboard（腳本）及代言人，一般多採用焦點團體座談 (Group Interview) 或設一定點進行調查 (Central Location Test)。

(二)「事後評估」，則多採用事後電話調查的方式，以確切掌握消費者對廣告的認知情形。

01	**02**	**03**	**04**
有沒有看過這個廣告？	知道這個廣告在傳達什麼訊息嗎？	喜不喜歡這個廣告？	會不會受廣告影響而購買這個產品？

圖 2-8 評估廣告效果的四要點

六、電視廣告排期的作業流程

如下圖所示，電視廣告排期作業，有六個步驟：

1. 選擇頻道（先選擇高收視率頻道）

↓

2. 再選擇節目（先選擇高收視率節目）

↓

3. 執行前效益評估（事前評估）

↓

4. 廣告檔次開始執行（要監播）

↓

5. 執行後效益分析

↓

6. 廣告主客戶公司展開檢討

圖 2-9 電視廣告排期作業的六步驟

七、廣告排期表（Cue 表）

○○電視

商品編號：
計畫期間：○○年 12 月 10 日～12 日

客戶：
代理商：

商品名稱：
目標群：

託播單號碼：
業務員：

臺別 TV	節目名稱 Program	播放時間 Time	材料 Matrix	秒數 FN	收視率 Rating	單價 Cost	檔次	10 四	11 五	12 六
○○TV	甲、綜藝 (1800)A1	1800-1900		30	0.0	72,000	1			1
	乙、戲劇 (2000)A1	2000-2100		30	0.0	72,000	1		1	
	丙、綜藝 (2400)A1	2400-2500		30	0.0	56,000	1	1		
	丁、綜藝 (一～五1600)B3	1100-1200		30	0.0	0	1			1
	戊、戲劇 (一～五1600)B2	1600-1700		30	0.0	0	1			1
	己、綜藝 (0700)B3	0700-0800		30	0.0	0	1		1	
	庚、綜藝 (1000)B3	1000-1100		30	0.0	0	1		1	
	辛、綜藝 (0200)C	0200-0300		30	0.0	0	2			1
小計						200,000	9	2	4	3
總計						200,000	9	2	4	3

淨收價　200,000
佣金　　　　　0
營業稅　　10,000
合計　　210,000
折扣比　　　　0

備註：PT、PIB-60%
　　　N-70%、E-30%
　　　C48

AE簽章：
主管簽章：
客戶簽章：

*綜合臺 (TA.20-34F) +娛樂臺 (TA.20-34F) 合補條件為 C4800

圖 2-10　廣告排期表（Cue 表）

2-3 電視廣告照片參考

🔓 圖 2-11 「亞培安素」電視廣告片

🔓 圖 2-12 「巴黎萊雅」電視廣告片

圖 2-13　「斯斯感冒藥」電視廣告片

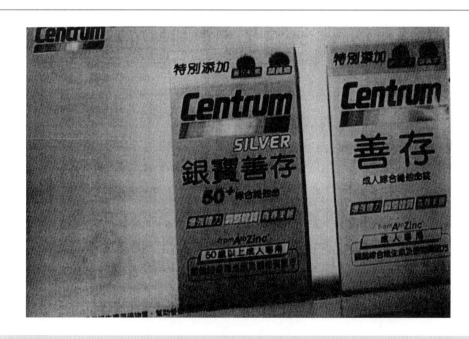

圖 2-14　「銀寶善存維他命」電視廣告片

🔒 圖 2-15 「肌立酸痛藥布」電視廣告片

🔒 圖 2-16 「原萃綠茶」電視廣告片

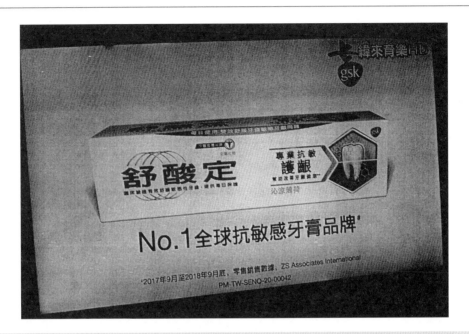

🔍 圖 2-17　「舒酸定牙膏」電視廣告片

🔍 圖 2-18　「可口可樂」電視廣告片

考試及複習題目（簡答題）

一、請列示電視廣告的三項優點為何？

二、請列示電視廣告的三項正面效果為何？

三、請列示電視廣告的缺點為何？

四、請列示新產品上市至少要有多少電視廣告投放才夠力？

五、請列示電視廣告頻道配置選擇的二大原則為何？

六、請列出電視收視族群輪廓的六項為何？

七、請列示電視廣告片訴求方式至少五種？

八、請列出決定電視廣告花費效果的六大因素為何？

九、請列示評估電視廣告效果的四要點為何？

十、請問何謂 Cue 表？

Chapter 3

電視媒體實務概述

（有線電視專題介紹：TVBS、三立、東森、八大、緯來、
福斯、年代、民視、非凡）

3-1　有線電視臺行業綜述

一、五大媒體總接觸率

排名	媒體別	百分比 (%)
1	網站瀏覽率	90%
2	電視收視率	88%
3	報紙閱讀率	18%
4	廣播收聽率	15%
5	雜誌閱讀率	15%

二、電視媒體：最主流媒體

電視廣告，迄今仍是廠商最主要的首選刊播媒體。

三、電視廣告的頻道配置選擇

(一) 要看產品的屬性與電視頻道及節目的收視觀眾群，要具有一致性。

Ex：汽車、藥品、信用卡、預售屋→上新聞類頻道節目

洗髮精、沐浴乳→上綜合臺、電視臺頻道節目

(二) 要選擇較高收視率的頻道及節目。

Ex：新聞臺→TVBS 新聞、三立新聞、東森新聞

綜合臺→三立臺灣臺、民視綜合臺

電影臺→東森國片、洋片臺

新知臺→Discovery、國家地理頻道

四、電視廣告表現的構成要素

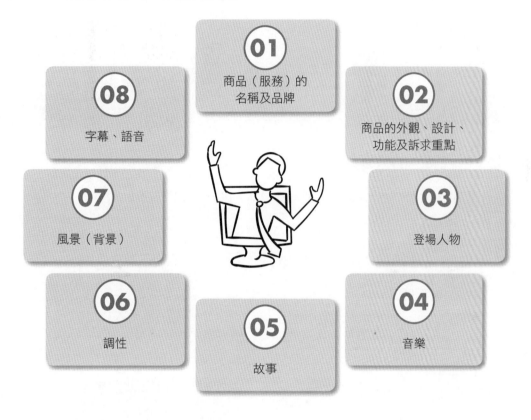

五、電視／廣播廣告託播流程

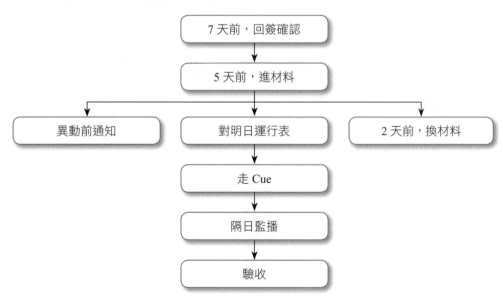

六、NCC 開放冠名贊助廣告

七、電視廣告的效果如何

(一) 打開知名度，提升全臺知名度，維繫知名度→確實很有效果

(二) 促進銷售→有一些效果

八、廠商促進銷售：要全方位做好才行

4P/1S 同步做好

・產品力

・定價力

・通路力

・推廣力及促銷力

・服務力

＋電視廣告

＝促進銷售！

九、電視廣告要長期投資，不是偶爾做一做

每年固定投資！

Ex：1 年 5,000 萬 × 10 年 = 5 億元

　　　1 年 5,000萬 × 20 年 = 10 億元

才能打造出品牌力！

也才能促進銷售及穩固銷售！

十、廣告投資：各媒體要分配妥當

1. 電視廣告→至少占 60% 以上

2. 網路及數位廣告→至少占 30% 以上

3. 報紙廣告→至少占 5%

4. 雜誌、廣播、戶外、DM、刊物→至少占 5%

十一、收視占有率分析

(一) 無線臺 (10%)

- 以晚間綜藝節目及 8 點檔戲劇節目為較高收視率。
- 全國 550 萬戶家庭均可收看。

(二) 有線臺 (90%)

- 以新聞節目、電視節目、戲劇、綜藝節目為較高收視率。
- 全國普及率 85%，約 500 萬戶家庭可收看到。

十二、國內主要電視頻道家族

(一) 無線臺：台視、中視、華視、民視。

(二) 有線電視家族頻道：TVBS、三立、東森、中天、緯來、年代、非凡、八大、福斯、壹電視。

十三、有線電視頻道類型——綜合新聞頻道屬大眾市場，其他為分眾市場

排名	1	2	3	4	5	6	7	8	9	10	11	12	總計
類 型	綜合	新聞	國片	洋片	卡通	戲劇	日片	體育	新知	財經	音樂	其他	
數 量	14	7	4	8	3	3	4	3	3	3	2	3	57
總點數	280	163	56	65	49	28	21	15	10	17	3.4	1	708.4
占有率	40%	23%	8%	9%	7%	4%	3%	2%	1%	2%	0.5%	1%	100%

(一) 十個新聞臺

1. TVBS-N
2. 三立新聞臺
3. 東森新聞臺
4. 中天新聞臺
5. 年代新聞臺
6. 民視新聞臺
7. 非凡財經臺
8. 東森財經臺
9. 壹電視新聞臺
10. 三立財經臺

(二) 二十一個綜合臺／戲劇臺

1. 民視	8. 三立都會臺	15. 八大第一臺
2. 台視	9. 中天綜合臺	16. 八大戲劇臺
3. 中視	10. 中天娛樂臺	17. 東森綜合臺
4. 華視	11. 公視臺（無廣告）	18. 緯來育樂臺
5. 三立臺灣臺	12. JET 綜合臺	19. 超視臺
6. TVBS 臺	13. 緯來戲劇臺	20. 東風衛視臺
7. TVBS 歡樂臺	14. GTV 綜合臺	21. 衛視中文臺

(三) 九個國片臺／洋片臺

1. HBO（無廣告）	4. 龍祥電影臺	7. ANX 動作臺
2. 東森國片臺	5. 衛視電影臺	8. Cinemax
3. 東森洋片臺	6. 好萊塢電影臺	

(四) 日本臺／新知臺

1. 日本臺
   - 緯來日本臺　　　　　・國興衛視臺
2. 新知臺
   - 國家地理頻道　　　　・動物星球頻道　　　　　・Discovery

(五) 體育臺／卡通兒童臺

1. 體育臺
   - 緯來體育臺
2. 卡通兒童臺
   - 東森幼幼臺　　　　　・Momo 親子臺

十四、全臺唯一：尼爾森收視率調查公司

1. 在全臺 2,200 個家庭。
2. 安裝個人收視記錄器。
3. 每天／每分鐘記錄收視結果。
4. 回傳臺北總公司電腦資料庫。

十五、收視率 1.0 時,代表全臺有 20 萬人同時在收看該節目

收視率→20 萬人在看同一節目／全臺 2,000 萬 × 1%

所以:收視率 1%→代表該節目當時有 20 萬人同時在收看

十六、AGB 尼爾森收視調查(全臺戶數)

全臺

↓

2,200 個家庭戶

↓

8,000 人收看行為

↓

收視率高低,決定廣告刊播的流向!

十七、各收視率的好壞

・高收視率節目→1 以上
・中高收視率節目→0.5~1
・中收視率節目→0.2~0.5
・低收視率節目→0.1 以下 (0.1、0.05......)

十八、高收視率節目代表的意義

(一) 高收視率代表:
　　→廣告收入較多
　　→該節目會賺錢

(二) 低收視率代表:
　　→廣告收入少,該節目會虧錢,最後可能會停掉該節目
　　→電視臺唯一的目標為全力提升各節目收視率,才能提高營收及獲利

十九、電視臺收視黃金時段

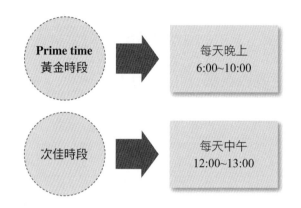

| Prime time
黃金時段 | ➡ | 每天晚上
6:00~10:00 |

次佳時段 ➡ 每天中午 12:00~13:00

二十、新聞臺：收視率較高臺

(一) 領先群
- TVBS-N 新聞臺　　・東森新聞臺　　・三立新聞臺

(二) 其次：
- 年代新聞臺　　・壹電視新聞臺　　・非凡財經臺　　・民視新聞臺

二十一、綜合臺：收視率較高臺

領先群
- 民視無線臺　　・三立臺灣臺　　・三立都會臺　　・中天綜合臺
- 東森綜合臺　　・福斯衛視中文臺

二十二、有線電視收入來源

(一) 最大收入：廣告收入，占約 70%。

(二) 次大收入：賣給第四臺（系統臺）的頻道版權，占約 20%。

(三) 第三收入：賣給海外各國版權收入，約占 8%。

(四) 第四收入：周邊產品收入，約占 2%。

二十三、無線臺及有線臺一年廣告總收入：**200** 億元

二十四、無線／有線臺廣告收入來源兩大方式

(一) 90% 來自二十大媒體代理商發稿。

(二) 10% 來自消費品／耐用品廣告主直接購買。

二十五、有線臺向第四臺（系統臺）收版權費

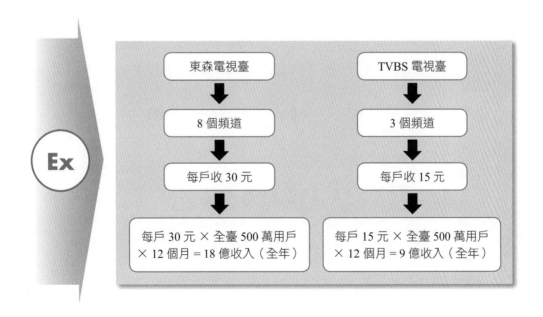

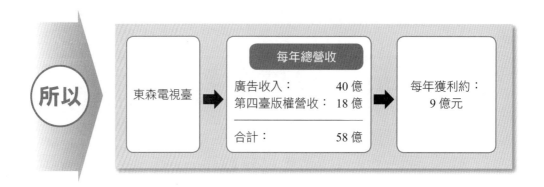

二十六、有線臺向第四臺（系統臺）收取頻道節目版權收入

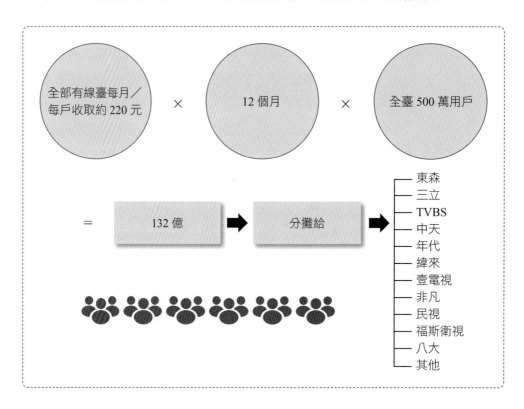

二十七、海外節目版權收入較多的有線臺

第一名：三立電視臺

第二名：民視電視臺

第三名：中天、TVBS 等

主要賣給中國大陸及東南亞各國電視臺及網路影片公司。

二十八、目前，有線電視臺最大廣告收入頻道類型

(一) 新聞臺（有 10 個）＋綜合臺（有 22 個臺）：占 70% 廣告收入。

(二) 次大廣告收入頻道類型：國片電影臺、洋片電影臺、戲劇臺。

(三) 較少廣告收入頻道類型：日片臺、體育臺、新知臺、卡通臺、音樂臺。

二十九、有線電視臺營收狀況

(一) 領先群：三立、東森　→年營收：40~60 億元

(二) 次領先群：中天、緯來、TVBS、FOX 衛視　→年營收：20~30 億元

(三) 較少群：年代、非凡、壹電視、民視、台視、中視　→年營收：5~10 億元

三十、有線臺獲利狀況

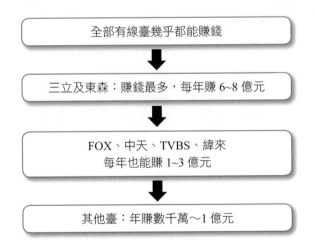

全部有線臺幾乎都能賺錢

↓

三立及東森：賺錢最多，每年賺 6~8 億元

↓

FOX、中天、TVBS、緯來
每年也能賺 1~3 億元

↓

其他臺：年賺數千萬～1 億元

三十一、公廣集團

公共電視臺 ＋ 華視電視臺 ＋ 原住民電視臺 ＋ 客家電視臺 ＋ 臺語臺 ＝ 公共廣電集團

三十二、無線四臺

(一) 民視無線臺→全臺收視率最高電視臺

(二) 中視→屬於旺旺中時媒體集團

(三) 台視→屬於非凡電視臺旗下電視臺

(四) 華視→屬於公廣集團旗下電視臺

三十三、中華電信 MOD 媒體

(一) MOD：Multimedia on Demand

　　‧高畫質節目多。

　　‧全臺約 150 萬訂戶。

　　‧月收費：290~499 元。

　　‧電影：計次付費。

　　‧目前仍虧錢經營。

(二) 全臺無線臺用戶：600 萬戶。

(三) 有線臺用戶：500 萬戶（普及率 85%）。

(四) MOD 用戶：150 萬戶（普及率 30%）。

三十四、尼爾森收視率可以提供各個節目的收視觀眾輪廓別

(一) 地區別（北、中、南、東）。

(二) 性別（男、女）。

(三) 年齡層（大學生、年輕上班族、壯年上班族、中年、老年上班族）。

(四) 職業別（家庭主婦、退休人員、店老闆、白領藍領、技術人員）。

(五) 所得別（低、中、中高、高、較高）。

(六) 家庭結構別。

(七) 學歷別（小學、國高中、大學、研究所）。

〈例一〉TOYOTA Camry 汽車廣告

產品 A 輪廓

40 歲以上,男性、大學、白領以上的上班族、
中階主管或技術人員、中高所得

廣告下在哪?

01
8 個新聞臺播出廣告
Discovery 及國家地理頻道

02
財經商業雜誌
(商周、天下、今周刊)

〈例二〉蘭蔻、SK-II 化妝保養廣告

產品 TA 輪廓

35 歲以上,女性、大學、熟女、
白領以上的上班族、中高所得、住北區

廣告下在哪?

01 大部分
戲劇臺、8 點檔戲劇、
偶像劇、歌唱節目

02 小部分
新聞臺

03 小部分
女性雜誌、流行雜誌

〈例三〉國泰金控集團企業形象廣告

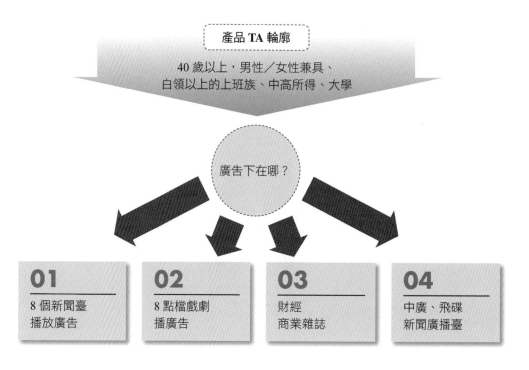

三十五、電視廣告計價方式：採組合式

廣告報價（每 10 秒）→採 1S＋1A＋2B＋2C，計價 4~6 萬元之內

1S 節目：最高收視率節目，播出 1 次廣告

1A 節目：次高收視率節目，播出 1 次廣告

2B 節目：較低收視率節目，播出 2 次廣告

2C 節目：最低收視率節目，播出 2 次廣告

合計：播出 6 次

1S 節目：指 1.0 以上的特別高收視的節目。

　　　　（例如：8 點檔戲劇、6 點檔戲劇）

1A 節目：指 0.5~1.0 之間次高收視率節目。

2B 節目：指 0.2~0.4 之間收視率節目。

2C 節目：指 0.1 以下的收視率節目。（白天或下午的節目）

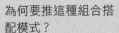

為何要推這種組合搭配模式？ 因為：廣告主都只想上高收視率的 S 及 A 的節目廣告，B 和 C 都沒人買檔 所以：才出這種 1S + 1A + 2B + 2C 的計價模式！

三十六、有線系統臺（第四臺）狀況

目前全臺灣 **60** 家有系統臺

50 家系統被五大 MSO 公司所收購

10 家為獨立

三十七、何謂 **MSO**

系統臺 MSO

Multiple System Operator

稱：多系統臺聯合經營者

Ex：凱擘、中嘉、臺固、臺數科、臺灣寬頻等五家 MSO 控股公司

三十八、臺灣有線電視產業結構

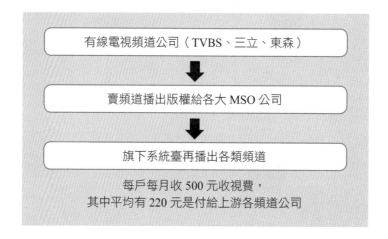

三十九、MSO 公司均賺錢

　　由於臺灣各地區都是：一區一家系統臺，故屬於獨占狀況，所以，各大 MSO 控股公司及各家系統臺都是賺錢的。

四十、臺灣有線電視廣告產業結構

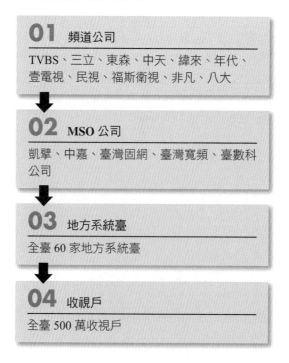

3-2 各家電視臺介紹

一、有線臺為何能賺錢

(一) 仍是國內最主要的收看媒體，位居第一。

(二) 具有聲光與影音效果。

(三) 臺灣家庭每天開機率高達 90% 以上。

(四) 對品牌傳播溝通效果還不錯！

(五) 具有尼爾森節目收視率調查數據基礎，有利廣告效果查核。

(六) 看電視的族群分布較廣，涵蓋面大。

二、三立電視臺分析

(一) 三立電視臺：四個主力頻道

- 三立臺灣臺
- 三立新聞臺
- 三立都會臺
- 三立財經臺

(二) 三立藝能學院

三立藝能學院→培育新的演藝人員

(三) 三立自製節目最多

三立電視臺→全臺自製戲劇節目最多的電視臺

每年 1,500 小時。

(四) 三立較高收視率節目

三立 8 點檔閩南語戲劇

三立華流偶像劇

三立新聞

三立電視臺→臺灣第一大、自製節目最多、最多元化發展的有線電視臺

(五) 三立電視臺：全方位發展，實力最強

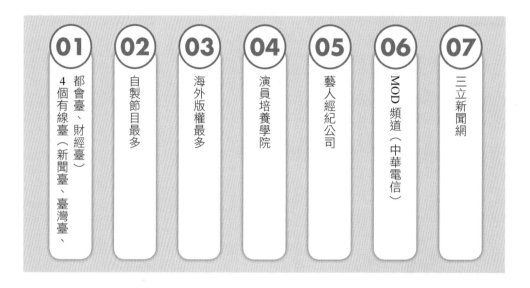

01 都會臺、財經臺（新聞臺）、臺灣臺、4個有線臺

02 自製節目最多

03 海外版權最多

04 演員培養學院

05 藝人經紀公司

06 MOD 頻道（中華電信）

07 三立新聞網

三、**TVBS** 電視臺分析

(一) TVBS 頻道別

- ・TVBS 臺
- ・TVBS-N 新聞臺
- ・TVBS-G
- ・TVBS 周刊

(二) TVBS 較高收視率

- ・女人我最大
- ・食尚玩家
- ・健康 2.0
- ・TVBS 新聞

(三) TVBS 電視臺強項

1. 新聞臺最強！新聞收視率一直領先。

2. 也開始走向自製偶像劇節目。

(四) TVBS 已成為本土頻道

TVBS 電視臺已被宏達電董事長王雪紅收購。

四、民視電視臺分析

(一) 民視電視臺的二個頻道

民事無線臺+民視新聞臺

(二) 民視 8 點檔臺語戲劇，收視率最強，廣告收入為最主要來源

01 意難忘　　**02** 娘家　　**03** 嫁妝　　**04** 龍飛鳳舞　　**05** 夜市人生

(三) 民視臺語連續劇：規模經濟化

1. 創造一年 365 集播出以上的新紀錄。
2. 規模經濟化降低成本，獲利提高。

(四) 民視臺語連續劇成功原因

1. 編劇團隊強大。
2. 一線臺語演員眾多。
3. 戲劇與觀眾生活相關聯。
4. 主題曲多，片尾曲被唱紅。

(五) 民視：Slogan

1. 咱臺灣人的電視臺。
2. 第一名的電視臺。

(六) 旗下擁有簽約最多的一線臺語演員

自己培訓臺語演員新秀，戲劇不斷有新面孔推出，吸引觀眾收看。

五、東森電視臺分析

(一) 東森各頻道收視率排名

第一名：幼幼臺
第二名：戲劇臺、新聞臺、國片／洋片臺
第五名：綜合臺

(二) 東森電視臺的優點

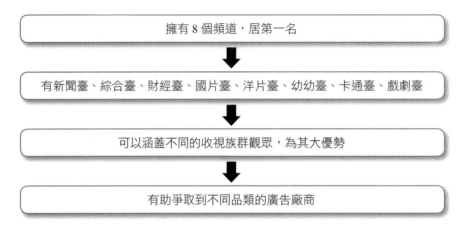

擁有 8 個頻道，居第一名

⬇

有新聞臺、綜合臺、財經臺、國片臺、洋片臺、幼幼臺、卡通臺、戲劇臺

⬇

可以涵蓋不同的收視族群觀眾，為其大優勢

⬇

有助爭取到不同品類的廣告廠商

六、中天電視臺分析

(一) 中天電視臺具有集團優勢

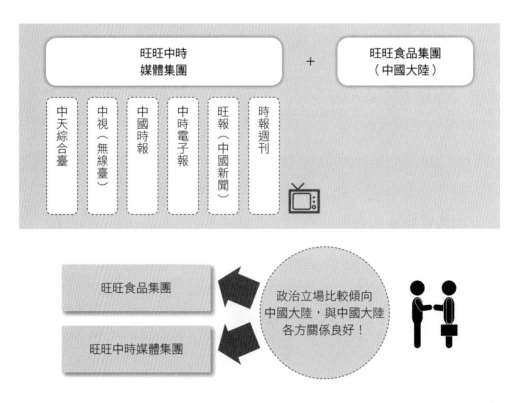

(二) 中天新聞臺（已被 NCC 下架，看不見了！）

中天新聞臺比較知名！

新聞節目是中天收視率比較強！

(三) 中國時報及旺報均虧損

中國時報 + 旺報 ➡ 都是長期虧錢 ➡ 靠中國大陸的旺旺食品大賺錢來補貼！

七、緯來電視臺分析

比較強的：

1. 緯來戲劇臺（過去以播出韓劇為知名）。

2. 緯來體育臺。

八、年代、壹電視臺分析

年代有線臺 壹電視臺 ➡ 同屬：年代媒體集團 ➡ 以新聞頻道較為知名！

九、福斯 (FOX) 電視網

(一) 福斯的兩個系列頻道

01 FOX 系列頻道　**02** STAR 系列頻道　**03** NGC 國家地理頻道

(二) 福斯併購香港 STAR 頻道

美國 FOX 福斯電視臺併購了香港 STAR TV 衛視臺

→福斯 FOX＋STAR TV 衛視臺

(三) FOX 較知名的頻道

01 NGC（國家地理頻道）

02 衛視中文臺

03 衛視電視臺／衛視西片臺

十、非凡電視臺分析

01 非凡財經臺

02 非凡商業臺

03 台視財經臺

以財經新聞臺較知名！

3-3　全部有線電視媒體一覽表

媒體名稱	企業名稱	負責人
TVBS	(1) 聯利媒體股份有限公司	陳文琦
TVBS 歡樂臺		
TVBS 新聞臺		
年代新聞臺	(2) 年代網際事業股份有限公司	練臺生
MUCH TV		
壹新聞		
好萊塢電影臺		
三立臺灣臺	(3) 三立電視股份有限公司	林崑海
三立都會臺		
三立新聞臺		
三立財經臺		

媒體名稱	企業名稱	負責人
MTV 電視網	(4) 聯鑫行銷股份有限公司	張榮華
東森電影臺	(5) 東森電視事業股份有限公司	林文淵
東森洋片臺		
東森綜合臺		
東森財經新聞臺		
東森新聞臺		
東森幼幼臺		
東森戲劇臺		
超視		
GTV 綜合臺	(6) 八大電視股份有限公司	王文潮
GTV 第一臺		
GTV 戲劇臺		
GTV 娛樂臺		
TOP 高點綜合臺	(7) 高點傳媒股份有限公司	宋明霖
MOMO 親子臺	(8) 優視傳播股份有限公司	鄭俊卿
衛視中文臺	(9) 福斯集團	申大為
衛視電影臺		
FOX Movies		
FOX		
STAR World		
國家地理頻道		
緯來電視網	(10) 緯來電視網股份有限公司	王郡
緯來電影臺		
緯來日本臺		
緯來體育臺		
緯來綜合臺		
緯來戲劇臺		
緯來育樂臺		

媒體名稱	企業名稱	負責人
中天新聞臺（已關臺）	(11) 中天電視股份有限公司	潘祖蔭
中天綜合臺		
中天娛樂臺		
非凡新聞臺	(12) 飛凡傳播股份有限公司	黃崧
非凡商業臺		
民視新聞臺	(13) 民視電視公司	王明玉
JET 綜合臺	(14) 媒體棧國際行銷股份有限公司	洪正宏
國興衛視		
東風衛視		
AXN	(15) 宏曜美拓國際傳媒股份有限公司	鄒佳宏
ANIMAX		
LS 龍祥時代電影臺	(16) 龍祥時代電影臺	王龍寶
Discovery 頻道	(17) 新加坡商全球紀實有限公司臺灣分公司	邱黃
TLC 旅遊生活頻道		
動物星球頻道		
卡通頻道	(18) 美商特納傳播股份有限公司	林東豪

資料來源：中華民國廣告年鑑，2020 年。

3-4 全部有線電視臺廣告刊價表

頻道名稱		購買方式	10"/NET	檔數	CPRP平均價	備　註
TVBS家族	TVBS	A8+A3+2B+2C	$40,000	6	$6,667	級數是按不同時段及節目做分類（各時段亦可單賣）。
	TVBS-G	A1+A2+2B+2C	$30,000	6	$5,000	
	TVBS-N					
年代家族	年代新聞	2S+2A+1B	$25,000	5	$5,000	級數是按不同時段及節目做分類（各時段亦可單賣）。
	壹新聞	2S+2A+1B	$25,000	5	$5,000	
	好萊塢	2S+2A+1B	$25,000	5	$5,000	
	MUCH	2S+2A+1B	$25,000	5	$5,000	
JET家族	國興衛視	2S+2A+1B+1C	$15,000	6	$2,500	
	東風	2S+2A+1B+1C	$25,000	6	$4,167	
	JET	2S+2A+1B+1C	$25,000	6	$4,167	
三立家族	臺灣臺	1S(S1 or S2)+1A+1B+1C	$26,400	4	$6,600	級數是按不同時段及節目做分類（各時段亦可單賣）。
	都會臺	S+A+B+C	$20,000	4	$5,000	
	新聞臺	S+A+B+C	$25,000	4	$6,250	
	iNEWS	4S+8A+8B+8C	$20,000	28	$714	
	MTV	1A+1B+1C	$6,000	3	$2,000	
東森家族	新聞臺	1S+2B+2C	$32,000	5	$6,400	級數是按不同時段及節目做分類。
		1S+1A+2B+1C	$28,000	5	$5,600	
		2A+2B+1C	$26,400	5	$5,280	
	財經新聞	1S+2A+2B+3C	$24,000	8	$3,000	
	電影臺	1S+1A+2B+2C	$20,000	6	$3,333	
		2A+2B+2C	$18,000	6	$3,000	

頻道名稱		購買方式	10"/NET	檔數	CPRP 平均價	備　註
東森家族	洋片臺	1S+1A+2B+2C	$20,000	6	$3,333	級數是按不同時段及節目做分類。
		2A+2B+2C	$18,000	6	$3,000	
	綜合臺	1S+1A+2B+1C	$26,400	5	$5,280	
		2A+2B+1C	$24,000	5	$4,800	
	超視	1S+1A+2B+1C	$26,400	5	$5,280	
		2A+2B+1C	$24,000	5	$4,800	
	戲劇臺	1S+2A+3B+3C	$20,000	9	$2,222	
	YOYO臺	1S+1A+2B+3C	$20,000	7	$2,857	
		2A+2B+3C	$18,000	7	$2,571	
八大家族	第一臺 綜合臺 戲劇臺 MOMO親子臺 八大娛樂臺 高點電視臺	1特A+2A+2B+4C+K/M/T	$25,000	20	$1,250	級數是按不同時段及節目做分類。（依八大排Cue視窗選兩組）。
福斯家族	中文臺	1S+1A+2B+2C	$35,000	6	$5,833	級數是按不同時段及節目做分類。（各時段亦可單賣）。
	電影臺	1S+1A+2B+2C	$30,000	6	$5,000	
	西片臺	1S+1A+2B+2C	$30,000	6	$5,000	
	FOX					
	StarWorld					
	國家地理頻道					

*各級依頻道節目表列，頻道保留異動調整空間。

考試及複習題目（簡答題）

一、請列示近年國內五大媒體接觸率為多少？

二、請列示迄今仍是廠商最主要的首選刊播媒體為何？

三、請列示電視廣告表現的八種構成要素為何？

四、請列示冠名贊助廣告費，每一集大概多少錢區間？

五、請列示電視廣告最主要的第一個效果為何？

六、請問電視廣告是要長期投資或短期投資？

七、請問目前各類媒體的廣告投資，比例最多的前兩種媒體為何？

八、請問目前無線臺與有線臺的收視占有率為多少？

九、請列出目前最主要有線電視臺的前十個頻道家族（電視公司）為何？

十、請列出目前有線電視頻道收視率占比最高的是哪兩種頻道類型？

十一、請列出全臺唯一的電視收視率調查公司為何？

十二、請列出當某節目收視率為 1.0 時，代表全臺有多少人同時在收看該節目？

十三、請問尼爾森在全臺安裝多少電視收視率紀錄器家庭總戶數？

十四、請問高收視代表該節目的何種收入就會多？

十五、請問何謂 Prime Time 之中文意思？

十六、請問目前有線電視及無線電視最大的收入來源為何？

十七、請問目前無線臺及有線臺一年的廣告收入各是多少？

十八、請問目前有線電視臺兩個廣告收入最多的頻道類型為何？

十九、請列示目前有線電視臺中，哪兩個電視臺的營收最多？

二十、請列出國內三家最主要的 MSO 公司（多系統臺聯合經營者）為何？

二十一、請列示目前全臺有線電視收視戶數大約多少？

二十二、請列示自製節目最多的電視臺是哪一臺？

二十三、請列示目前新聞節目最強的是哪一家電視臺？

二十四、請列示目前頻道數最多的是哪一家電視臺？

二十五、請問目前中天電視、中視、中國時報等，是屬於哪一家媒體集團？

二十六、請問目前 TVBS 頻道家的 CPRP 平均價格是多少？

二十七、請問目前各家有線電視臺每 10 秒 CPRP 平均價格最高的是新聞臺？第
　　　　二高的是綜合臺？是嗎？（註 1：有關 CPRP 的意義，請參考第 18 章
　　　　內容。註 2：CPRP 即電視臺廣告投放的價格。）

Chapter **4**

報紙廣告概述

4-1 報紙媒體發展現況、發行量及廣告量大幅下滑原因

一、報紙媒體發展現況

報紙媒體發展現況，有如下幾點：

(一) 近兩年來，中時晚報及聯合晚報因不敵發行量及廣告量下滑，故宣布關報，不再經營了。

(二) 目前，報紙媒體只剩下三大綜合報及二大專業財經報在支撐。

　1. 三大綜合報包括：

　　· 蘋果日報（每日發行量 15 萬份，已於 2021 年 5 月 18 日停刊）。

　　· 聯合報（20 萬份）。

　　· 中國時報（15 萬份）。

　　· 自由時報（30 萬份）。

　2. 二大財經日報，包括：

　　· 經濟日報（10 萬份）。

　　· 工商日報（10 萬份）。

(三) 三大綜合報都不賺錢，均靠其網路新聞來貼補。不過，二大財經日報因為有企業界廣告搭配支撐，故還能小賺。

二、發行量大幅下滑的三大原因

國內聯合報、中國時報及自由時報，在 1970~1990 年代，發行量均高達 100 萬份之多，為其報業黃金時期；但二十多年來，各報紙發行量都慘跌，發行量萎縮至 10~30 萬份，主要有下列因素造成：

(一) **被有線電視新聞臺大幅取代**：新聞臺都是播報今天即時的消息，但報紙卻到了隔天才刊出來，顯然太慢了；而且新聞臺又有影音畫面，比報紙的靜態文字效果要強太多了。

(二) **被網路新聞取代**：這十年來，網路新聞隨時可以在手機及電腦上看得到，很方便，所以取代了報紙的功能。

(三) **廣大年輕人幾乎不看報**：從 20~30 歲幾百萬的年輕人，幾乎已不看報了。

三、報紙廣告量大幅下滑

在 1980 年代，各大報發行量都突破 100 萬份（那時沒有有線電視，也沒有網路新聞），整個報紙的廣告量也高達 150 億元之多，聯合報及中國時報都很賺錢。但三十年之後，整個大環境改變很多，報紙成為中老年人才看的平面媒體，發行量大幅下滑，廣告量也跟隨大幅下滑，降到目前只剩大約 20 億，其為黃金時期 150 億的 1/7 而已，難怪平面報紙家家都虧損。

4-2 報紙為何虧損及報紙轉型方向

一、報紙為何虧損的原因

各大報紙多年來虧損的原因，主要可歸納以下因素：

(一) 發行量大幅滑落。

(二) 報紙閱讀率也大幅下滑，從最早期四十多年前的 80% 閱讀率，下滑到目前僅剩 15%。

(三) 上述兩因素，又導致報紙廣告收入也大幅減少，使得報紙公司的支出大於收入，故產生虧損。

(四) 最後，是報紙廣告的靜態效果，也不如電視及網路影音廣告來得吸引人注目。

二、平面報紙的轉型方向

這十年來，平面報紙都在積極的轉型以尋求生存之道，轉型的兩大方向如下：

(一) 轉向網路新聞

四大綜合報幾乎都轉向數位化的網路新聞報，例如：

1. 聯合報→轉型聯合新聞網 (udn)
2. 蘋果日報→蘋果新聞網
3. 中國時報→中時電子報
4. 自由時報→自由電子報

四大綜合報轉型到網路新聞報，這些新事業單位反而賺錢了，因為爭取到網

路廣告收入增加的支撐所致。因此造成賺錢的網路新聞報來支撐虧損的平面報紙。

(二) 轉向多角化事業經營

　　其中，以聯合報系的多角化經營較為成功；聯合報系跳脫平面紙媒經營，而朝多角化新事業經營，到目前算是成功的，包括如下多角化事業。

　　1. udn shopping（聯合網路購物電商事業）。

　　2. 聯合旅行社（做國內外旅遊生意）。

　　3. 聯合文創展演公司。代理國內外知名展演演出。

　　4. 聯合市調公司。

三、報紙背後的財團支撐

　　雖然平面報紙虧損，但其背後均有財團支持，故短期內尚不會關門，包括：

(一) 中國時報→有旺旺食品集團支撐，旺旺在中國市場有很大事業，也很賺錢。

(二) 聯合報→有聯合報系支撐，多年前，聯合報賣掉臺北市忠孝東路四段的大樓，賺了數十億，後來搬到臺北郊區的汐止去，土地、大樓較便宜。

(三) 蘋果日報→其公司老闆黎智英因中國的香港國安法身陷牢獄，臺灣及香港蘋果日報，相繼於 2021 年 5 月及 6 月停刊關門了。

四、報紙廣告：只占整體總廣告量的 6%

　　如前述，目前報紙廣告量每年只剩 20 億元，大概占總體廣告量 500 億的4% 比例而已；遠遠落後於電視廣告量的 200 億及網路廣告量的 200 億元。

五、報紙的廣告主

　　目前，大概只有較大型的廣告主有多餘的廣告預算，才會刊登報紙廣告，而且，大部分是配合報紙的公關新聞報導，才去刊登廣告，以下列為多：

　　1. 建設公司、2. 百貨業、3. 超市零售業、4. 汽車業、5. 國外名牌精品業。

4-3 平面媒體閱讀率的變化

　　如下表所示，國內平面媒體閱讀率近二十年來，有很大下滑的趨勢。尼爾森媒體大調查資料顯示：

(一) 報紙閱讀率下滑甚多

　　從 2001 年的 55% 閱讀率，下滑到 2020 年的 18%，下滑衰退幅度很大；即每 100 人中，只有 18 人在昨天有看過報紙。

(二) 雜誌閱讀率也下滑

　　週刊閱讀率也從 2001 年的 19%，下滑到 2020 年的 11.7%。雙週刊及月刊也同樣下滑。

表 4-1　平面媒體閱讀率變化（2001~2020 年）　　　　　　　　(%)

年度	報紙昨日閱讀率	週刊上週閱讀率	雙週刊上二週閱讀率	月刊上個月閱讀率
2020	18.0	11.7	7.1	17.0
2017	26.1	13.2	5.3	17.2
2016	28.7	15.0	6.1	19.2
2015	32.9	16.1	7.2	19.5
2014	33.1	15.1	6.6	19.3
2013	35.4	15.9	7.2	21.3
2012	39.6	17.5	6.8	22.3
2011	40.6	17.3	8.1	21.9
2006	45.8	15.5	2.3	23.3
2001	55.2	19.4	1.6	28.1

資料來源：尼爾森媒體大調查，2020 年。

4-4　報紙廣告刊登的行業及廣告價目表

報紙廣告刊登行業

如下表所示，報紙廣告刊登的十大行業，以建築業居冠，占有率高達 33.5%，顯見建築廣告是支撐報紙存活最大的廣告刊登行業。

表 4-2　報紙廣告刊登十大行業（2020 年）

排名	行業	廣告量（千元）	占比%
1	建築	1,226,729	33.5%
2	平面綜合廣告	277,120	7.6%
3	政府機構	165,400	4.5%
4	超市、便利商店	80,831	2.2%
5	健康食品	79,188	2.2%
6	政府活動	71,732	2.0%
7	其他類企業	70,027	1.9%
8	電器廣場	69,906	1.9%
9	旅行業	66,202	1.8%
10	傢俱	54,710	1.5%
前十大行業小計		2,161,844	59.0%
報紙總量合計		3,664,243	100%

表 4-3　聯合報營業廣告價目表

各疊標識	版位	版區	規格	報頭下、報頭頂邊 定價	營業稅	合計	二全批 定價	營業稅	合計	十全批 定價	營業稅	合計	二十全批 定價	營業稅	合計
A疊：要聞、政治、生活、國際、兩岸、財經	A1	全國版	一單位	32,000	1,600	33,600				1,125,000	56,250	1,181,250			
	A1		二單位	70,000	3,500	73,500									
	A3	北市版	一單位	25,000	1,250	26,250				400,000	20,000	420,000			
	A3		二單位	56,000	2,800	58,800				320,000	16,000	336,000			
	A疊順手頁	全國版					96,000	4,800	100,800	320,000	16,000	336,000	640,000	32,000	672,000
		北市版					81,000	4,050	85,050	270,000	13,500	283,500	540,000	27,000	567,000
	A疊背版	全國版								300,000	15,000	315,000	600,000	30,000	630,000
		北市版								260,000	13,000	273,000	520,000	26,000	546,000
	A疊不指定	全國版					84,000	4,200	88,200	280,000	14,000	294,000	560,000	28,000	588,000
		北市版					75,000	3,750	78,750	250,000	12,500	262,500	500,000	25,000	525,000
AA疊：財經、教育（週五、週六）	B疊、AA疊面版	全國版	報頭邊	20,000	1,000	21,000				320,000	16,000	336,000	640,000	32,000	672,000
		北市版		16,000	800	16,800				270,000	13,500	283,500	540,000	27,000	567,000
	B疊、AA疊順手頁	全國版								260,000	13,000	273,000	520,000	26,000	546,000
		北市版								230,000	11,500	241,500	460,000	23,000	483,000
B疊：地方、體育	B疊、AA疊不指定	全國版								240,000	12,000	252,000	480,000	24,000	504,000
		北市版								210,000	10,500	220,500	420,000	21,000	441,000
C疊：影視、消費	C疊、D疊面版	全國版	報頭邊	15,000	750	15,750				320,000	16,000	336,000	640,000	32,000	672,000
		北市版		12,000	600	12,600				270,000	13,500	283,500	540,000	29,000	567,000
	C疊、D疊順手頁	全國版					72,000	3,600	75,600	260,000	13,000	273,000	520,000	26,000	546,000
		北市版					63,000	3,150	66,150	230,000	11,500	241,500	460,000	23,000	483,000
D疊：家庭副刊	C疊、D疊不指定	全國版					63,000	3,150	66,150	240,000	12,000	252,000	480,000	24,000	504,000
		北市版					54,000	2,700	56,700	210,000	10,500	220,500	420,000	21,000	441,000

資料來源：聯合報，2020 年。

4-5　平面媒體文案撰寫、設計編排及印刷

一、平面文案的五種內容項目

　　報紙及雜誌的文案 (Copy)，大致可以區分為五大項目。包括：主標題、副標題、內文構成、標語 (Slogan) 及圖片等五種，缺一不可。

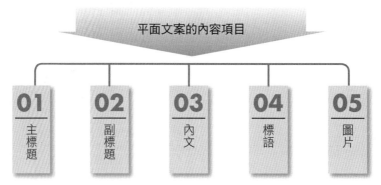

平面文案的內容項目

| 01 主標題 | 02 副標題 | 03 內文 | 04 標語 | 05 圖片 |

圖 4-1　平面文案的五大項目

二、主標題應具備的功能

　　主標題是最必須吸引人去看的，成效在此一舉 。而主標題應具備以下五種功能為主：

(一) 必須要能夠吸引閱讀人去注意這個廣告。

(二) 標題內的主題會引起閱讀人的注意。

(三) 標題能夠引導閱讀人繼續去看文案的內容。

(四) 標題必須要呈現出完整的銷售觀念，也就是要讓人去認識這個產品，能夠引起消費者對產品的反應。

(五) 標題必須要能夠顯示出產品對消費者的利益點。

(六) 標題必須要能夠引起消費者對新產品產生興趣，因為「新」，就會引起可讀性。

三、標題的撰寫方法

大約可以區分為以下圖示八種：

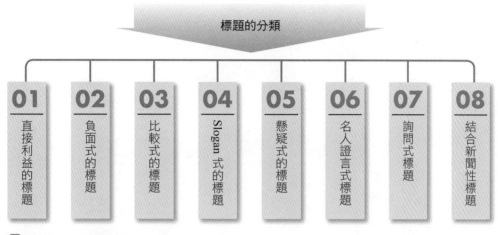

標題的分類

01	02	03	04	05	06	07	08
直接利益的標題	負面式的標題	比較式的標題	Slogan 式的標題	懸疑式的標題	名人證言式標題	詢問式標題	結合新聞性標題

🔍 圖 4-2　標題的八種分類

四、如何提高消費者對文案的信賴感

究竟應如何撰寫才能提高消費者對閱讀平面文案的信賴感，而使廣告的效果能夠真正達成，以下有幾點原則及作法，可以參考：

(一) 把特點寫出，讓消費者感覺產品的方便性。

(二) 提出明確建議，給消費者一個理由，使用產品時，能帶給消費者有何益處。

(三) 誠實的證言：證言式廣告較能給予消費者信賴感。

(四) 引用權威者的話：

　1. 把推薦產品者之身分、頭銜標出。

　2. 產品推薦者的實際照片和文案。

　3. 推薦詞以第一人稱。如：吳炳鐘推薦無敵英文字典。

(五) 提出事例。

(六) 引用產品受歡迎的話。

(七) 使用各種證件。

(八) 提出構造的證明。

(九) 提出實驗室發現的事實。

(十) 提出保證。

(十一) 提出樣品。

五、平面設計編排的注意要點

對平面廣告稿的設計及編排，應注意下列五點，如圖示：

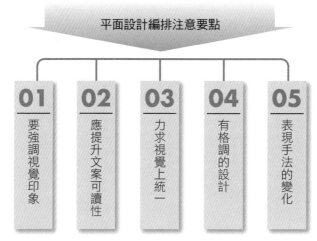

平面設計編排注意要點

| 01 | 02 | 03 | 04 | 05 |
| 要強調視覺印象 | 應提升文案可讀性 | 力求視覺上統一 | 有格調的設計 | 表現手法的變化 |

🔒🔍 圖 4-3　平面設計編排的注意要點

六、印刷設計與執行的流程

對於一個印刷設計，大致有七個流程步驟，如下註明：

(一) 印刷企劃：印刷企劃不僅僅是設計吻合目的之主題，對於印刷方式、印刷品的題材、版面大小、用紙或印刷的色數，甚至選擇最後相關加工廠商及印刷廠等，都要仔細考慮、具體的檢討能使各製作流程順利進行。

(二) 製作設計：依據印刷企劃進行文案撰稿、設計、版面規劃等，是製作完稿的先前作業程序。當然同時也要安排攝影及插圖繪製，以使各種要素具體化。

(三) 製作完稿：依據版面規劃，將文案、照片和插圖等，正確的安排在完稿紙上，並做好製版指示，這是製版的前置作業。

(四) 製版：完稿進入製版廠後，圖片以電子分色機掃描分色，文字、線條以黑白相機拍照，並將照片、文字和插圖等，按照完稿指示拼版，然後印出彩色打樣，送回設計者手中校對。

(五) 校樣：檢查彩色打樣是否符合完稿指示的程序，在顏色校對時，為了將修正內容正確傳達給製版人員，要用紅筆寫出具體而易懂的文字說明。

(六) 印刷：將修正好的網片製成印刷用版、送上印刷機，便開始正式印刷。印刷因素的充分了解，是印刷品質要求的重要條件。

(七) 裝訂加工：宣傳（公關）手冊、型錄、小冊子等，俗稱「DM」(Direct Mail)，印刷品的最後一道程序，就是裝訂加工，至於裝訂方式，則依據頁數、用紙種類和使用目的等而定。

(八) 入庫：運送至倉庫。

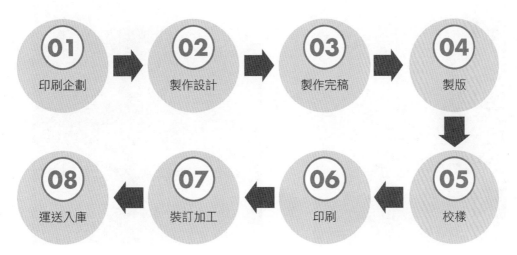

🔒🔍 圖 4- 4　設計及印刷的完整流程

4-6 報紙廣告照片參考

圖 4-5　建設公司是報紙廣告的主力客戶（蘋果日報）

圖 4-6　兒童服飾報紙廣告（蘋果日報）

圖 4-7　全聯超市促銷廣告（聯合報）

試及複習題目（簡答題）

一、請列出四大綜合性報紙及二大財經專業報紙。

二、請列出過去十年來，報紙發行大幅下滑的三大原因為何？

三、請列出報紙行業為何虧損的四大原因。

四、請列出平面報紙的二大轉型方向為何？

五、請列出聯合報系有哪些多角化事業？

六、請列出報紙的最大廣告主行業為何？

七、請列出中國時報背後財團支持是哪一家？

八、請列示聯合報轉向網路新聞報是哪一家？

九、請問目前報紙一年廣告量剩下多少？其最高峰時的廣告量又為多少？

十、請問聯合報二十全報紙廣告的價格大約多少？

十一、請列示平面文案的五種內容項目為何？

十二、請列出至少三點，如何提高消費者對平面文案的信賴感？

十三、請圖示平面文案設計及印刷的八個流程為何？

Chapter **5**

雜誌廣告概述

5-1 雜誌發展現況及雜誌為何虧損

一、雜誌發展現況

(一) 雜誌近十多年的發展，也跟報紙一樣，面臨非常嚴苛的不景氣及衰退。根據統計，2009~2020 年期間，計有 112 本雜誌刊物停止發行；其中，流行時尚雜誌占 29%，休閒生活占 16%，財經企管占 13%，電腦資訊占 11%。

(二) 雜誌閱讀族群以 30~49 歲壯年族群為主力，超過 50%，因此，其族群比報紙的 40~70 歲族群來得年輕。

二、雜誌業為何虧損

雜誌業虧損的主要原因有：

(一) 發行量下滑，年輕人及老年人都不看雜誌。

(二) 在發行量下滑及閱讀率雙雙下滑之下，雜誌廣告量也顯著下滑；從最高峰時期的 50 億元，下滑到目前的 15 億元，減少幅度很大，所以造成虧損停刊。

三、存活的雜誌

目前，雜誌還能夠存活下來，體質比較好的雜誌，包括有：

(一) 財經企管類雜誌：商業周刊、今周刊、天下、遠見、經理人等。

(二) 美妝時尚雜誌：Elle、VOUGE、美麗佳人、美人誌等。

(三) 健康雜誌：康健、常春等。

(四) 語言雜誌：空中英語雜誌。

四、雜誌廣告量僅占總體廣告量 3%

目前，每年雜誌廣告量僅 15 億元，占媒體 500 億元廣告量，僅約 3%，其比例甚低，形成不是很重要的媒體類。目前，只有大企業在有大預算分配下，才能爭取到廣告刊登。

五、雜誌廣告刊登十大行業

雜誌廣告刊登前十大行業中，以建築、鐘錶、保養品等三種行業居多。

📏 表 5-1 雜誌廣告刊登十大行業（2020 年）

排名	行業	廣告量（千元）	占比 %
1	建築	120,170	6.1
2	政府機構	115,183	5.8
3	鐘錶	92,086	4.6
4	綜合服飾／配件	78,299	3.9
5	保養品	74,740	3.8
6	珠寶黃金	59,974	3.0
7	法人／協會／基金會	51,307	2.6
8	飯店、渡假村	47,992	2.4
9	休旅車	42,948	2.2
10	威士忌	40,021	2.0
前十大行業小計		722,720	36.4
雜誌總量合計		1,984,498	100.0

資料來源：尼爾森媒體大調查。

六、雜誌經營走向

總結來說，雜誌經營走向，只有二個途徑，如下：

(一) 平面與網路整合在一起，稱為「平網整合」。亦即雜誌也要朝網路方向、數位化發展。

(二) 開始舉辦活動，開創多元化收入。此種活動也是與廣告主的產品搭配一起舉辦活動，以吸引消費者來參加，或是促進銷售。

5-2 全部雜誌一覽表

國內目前還存在的雜誌刊物名，如下表所示：

媒體名稱	企業名稱
VOGUE	康泰納仕樺舍綜合媒體
GQ	
AUDI	
LEXUS	
Benz	
ARCH 雅砌	華克文化
ESQUIRE 君子	
Instyle	
VIVI 時尚	青文
電擊 HOBBY 月刊	
BMW	臺灣赫斯特
ELLE 她	
BAZAAR 哈潑時尚	
鏡周刊	鏡傳媒
HERE	臺灣東販
足球王者	
廣告 ADM	滾石文化
Taipei Walker	我傳媒科技股份有限公司
Walker Media	
主題 Walker	
常春月刊	台視文化
DECO 居家	茉莉美人文化／時尚
BEAUTY 大美人	千晶文化
BEAUTY 美人－夾在大美人內頁	
遠見雜誌	遠見文化
哈佛商業評論	
未來少年	

媒體名稱	企業名稱
天下雜誌	天下雜誌群
親子天下	
CHEERS 快樂工作人雜誌	
康健雜誌	
今周刊	財信傳媒
先探月刊	
股市總覽	
財訊雙周刊	
經理人月刊	巨思文化
數位時代	
Shopping Design 設計採買誌	
好吃	城邦文化
LA VIE 漂亮	
漂亮家居	
新電子科技雜誌月刊	
DIGI PHOTO 數位相機採購活用	電腦家庭出版社
PCHOME 電腦家庭	
新通訊元件雜誌	
網管人	
城邦國際名錶	墨刻出版
TRAVELER 旅人誌	
Bella 儂儂	儂儂國際媒體
美麗佳人	
媽媽寶寶	
SMART 智富	商周出版社
商業周刊	
Taipei 101	
GOLF	妮好傳媒股份有限公司

媒體名稱	企業名稱
VOCE	尖端出版社
COOL 流行酷	
LOOKin	
愛女生	王道旺臺媒體
周刊王	
時報周刊	
東京衣芙	采舍國際
講義	講義堂
皇冠	皇冠文化
讀者文摘	港商讀者文摘
聯合文學	聯合文學出版社
印刻文學生活誌	印刻文學生活雜誌社
張老師月刊	張老師文化事業
經典	慈濟人文
一手車訊	臺灣寶路多股份有限公司
汽車購買指南	汽車購買指南雜誌社
汽車百科	雨生文化
超越車訊	超越文化
汽車線上情報	汽車線上情報
AG 汽車雜誌	永辰國際
MY COLOR 五言六社	五言六社文化
世界電影	影視實業
BRAIN 動腦	動腦雜誌社
MEN'S UNO	威柏實業／子時集團
WE People	東西全球文創
VMAN 質男幫	質男幫出版社
嬰兒母親	婦幼多媒事業
MONEY 錢雜誌	金尉股份有限公司
新新聞周報	新新聞文化

媒體名稱	企業名稱
萬寶週刊	萬寶週刊出版社
IDN 國際設計家連網	長松文化
世界腕錶雜誌	沃傑文化
行遍天下	宏碩文化
國家地理雜誌	大石國際文化有限公司
TOGO	新民文化事業有限公司
AZ 旅遊生活	華訊事業
DYNASTY 華航雜誌	先傳媒
高爾夫文摘	長昇文化
NBA 美國職籃聯盟雜誌	
ADVANCED	空中英語教室文摘
空中英語教室	
大家說英語	
現代保險健康+理財雜誌	現代保險雜誌社
L.I.F.E. 季刊	

5-3 雜誌廣告價目表

一、管理類及週刊類雜誌內全頁及發行量

雜誌別 (Title)	發行量 (Circalation)	內全頁 (Full Page)
管理類		
天下－半月刊	120,000	230,000
快樂工作人(CHEERS)	80,000	140,000
遠見 (Global Views)	115,000	210,000
財訊 (Wealth Magazine)	100,000	160,000
智富月刊 (Smart)	100,000	180,000
MONEY 錢	96,000	120,000

雜誌別 (Title)	發行量 (Circalation)	內全頁 (Full Page)
數位時代	80,000	130,000
經理人月刊	85,000	120,000
世界經理文摘(EMBA)	25,000	70,000
哈佛商業評論	46,000	150,000
卓越 (Excellence)	50,000	130,000
多維	50,000	130,000
現代保險雜誌 (Risk Management & Insurance)	120,000	110,000
週刊類		
時報週刊 (China Times Weekly)	120,000	150,000
鏡週刊	100,000	180,000
明潮雙週刊	100,000	150,000
商業周刊 (Business Weekly)	140,000	275,000
新新聞 (The Journalist)	60,000	120,000
今周刊 (Win-Win Weekly)	140,000	140,000
周刊王	100,000	200,000
萬寶周刊 (Marbo Weekly)	95,000	120,000
先探	80,000	120,000

二、女性類雜誌內全頁及發行量

雜誌別 (Title)	發行量 (Circalation)	內全頁 (Full Page)
儂儂 (Bella)	65,000	140,000
大美人 (Elder Beauty)	90,000	79,200
東京衣芙 'ef	60,000	130,000
VOCE美妝時尚	60,000	130,000
VIVI	60,000	140,000
VOGUE	65,000	90,900
哈潑時尚 (BAZAAR)	65,000	73,000

雜誌別 (Title)	發行量 (Circalation)	內全頁 (Full Page)
她 (ELLE)	65,000	147,400
美麗佳人 (Marie Claire)	65,000	131,250
Instyle	55,000	147,400
愛女生 (Girl)	50,000	110,000
Choc 恰女生	50,000	110,000
媽媽寶寶 (Mom Baby)	60,000	100,000
嬰兒與母親	65,000	150,000

三、商業周刊──廣告價目表

單位：新台幣／元

	版　位	定價
特殊版位	封底	460,000
	封面裡／一特	305,000
	目錄前跨頁	560,000
	目錄旁／總編的話旁	295,000
	專欄旁	285,000
	專欄後跨頁	500,000
	CoCo 旁／行銷活動旁／封底裡	275,000
其他版位	中跨（100 公克特銅）	600,000
	指定內頁	265,000
	指定跨頁	477,000
	不指定內頁	200,000
	不指定跨頁	396,000
	拉頁（2 頁：80 公克特銅）	518,000
	拉頁（4 頁：80 公克特銅）	921,000
	封面故事內頁（每期 3 頁版位）	265,000
	跨頁報導式廣告（不可指定版位）	480,000
	單頁報導式廣告（不可指定版位）	280,000

其他版位	1/2 頁（不可指定版位）	192,000
	1/3 頁（不可指定版位）	150,000
	經濟特區（每期 3 頁版位）	150,000
特殊製作	書衣	1,200,000
	信封套背面彩色頁（最低購買數量 10 萬份）	1,000,000
	貼紙廣告 6cm*6cm（最低購買數量 10 萬份）	1,000,000
	訂戶夾寄 DM（分區域）；限定 50 公克以下	一份 15 元
	訂戶夾寄 DM（不分區域）；限定 50 公克以下	一份 10 元
	訂戶夾寄冊子（騎馬釘；不分區域）；限定 50 公克以下	一份 25 元

5-4 雜誌廣告照片參考

圖 5-1　香奈兒雜誌廣告《商業周刊》名牌精品，也是財經雜誌的主力廣告之一

圖 5-2　建設公司也是財經雜誌的主力廣告之一《商業周刊》

圖 5-4 汽車公司也是財經雜誌的主力廣告之一 ─ 《商業周刊》

圖 5-3 Jo-Malone 香水雜誌廣告 《商業周刊》

考試及複習題目（簡答題）

一、請說明雜誌業為何仍虧損？

二、請註明目前有哪些雜誌存活得比較好？

三、請列示雜誌廣告刊登的最大行業為何？

四、請說明雜誌經營走向有哪兩大方向？

Chapter **6**

戶外廣告概述

6-1 戶外廣告的重要性、種類及成長原因

一、戶外廣告：主要的輔助媒體

　　戶外廣告，又稱為 OOH 廣告，即 Out of Home 廣告。戶外廣告這幾年已成為電視及網路廣告以外的最重要輔助媒體廣告。為什麼會成為重要輔助媒體呢？原因如下：

(一) 它刊登的成本不算很高。比電視廣告及網路／行動廣告成本都低些，因此，廣受中小企業品牌喜愛使用。

(二) 它的目擊率及觸及率也比報紙雜誌及廣播要好很多。

圖 6-1　戶外廣告愈來愈重要的兩大原因

二、戶外廣告的種類

　　戶外廣告的主力種類，主要有以下幾種：

(一) 公車廣告。

(二) 捷運廣告。

(三) 高鐵、臺鐵、機場廣告。

(四) 戶外看板廣告。

(五) 計程車內／外廣告。

圖 6-2　戶外廣告的五種類

三、戶外廣告之特點

(一) 具有很廣的接觸率和頻次：經過者皆可看到，故設置地點十分重要，通勤族、旅遊者都會看到。

(二) 接觸到地區性的人：可以針對某社區的人作訴求。

(三) 長期揭露於固定的場所，易造成印象累積效果，其反覆訴求的效果大。

(四) 如果被長期固定於戶外時，可成為該地區的象徵。

(五) 由於照明之設置，夜間放出多彩光芒，注意力易於集中。

(六) 夜生活者，精神處於鬆懈狀態，較容易接受廣告。

(七) 面積大，廣告醒目，注意度高。

(八) 以簡單文字、特殊構圖取勝。

(九) 價格便宜。

四、戶外廣告成長的原因

戶外廣告 (OOH) 近幾年來，在市場廣告大餅中，有不斷的成長；其主要原因，有如下幾點：

(一) 現代人生活與型態改變，紛紛走向戶外活動，享受戶外休閒、健康、運動及娛樂活動。

(二) 近年來，油價及物價高漲，使大眾運輸的公車族或捷運族增多，與他們在上、下班時間向外瀏覽的時間及空間也增多有關。

(三) 業者積極引進新科技與新呈現技術，使戶外廣告更加活潑化、互動化、數位化及融入產品環境有關。

(四) 戶外廣告所花費的成本預算與傳統電視廣告相比較，仍屬較少比例及較小金額有關。例如：拿 1,000 萬做戶外廣告及電視廣告，兩者的露出度及集中效果可能就不一樣。

(五) 戶外廣告可以集中在某個地點，而此地點還是目標客層所聚集地，則其效果必然不錯，例如：威秀電影廣場。

五、公車廣告是戶外廣告吸睛效果最佳者

尼爾森 2020 年第二季媒體大調查資料顯示，論接觸率，公車廣告是臺灣所有戶外媒體吸睛效果最佳者，又以車廂外廣告過去七天內觀看的比例達 52% 最高。

六、數位化 OOH (DOOH)

據統計，目前全球有 200 萬 LED 螢幕，而且類數位 OOH 廣告正以 40% 速度增長，光中國大陸就有 50 萬個，臺灣也有上萬個，從機場到零售通路都可見，已經大大改變城市風貌，洛杉磯、北京更被稱為 OOH 數位廣告的城市。

6-2 公車廣告的類型、價格及製作

公車廣告是戶外廣告中的主力之一。

一、公車廣告類型

公車廣告主要類型有：1. 車體外廣告；2. 車背後廣告；3. 車體內廣告。其中，又以車體外廣告為主力，因為它的被目擊率、被看到機率是最高的，因此，它被廣告主所廣泛刊登運用。

二、公車廣告價格

公車廣告刊登成本並不高，平均來說，大概每部車的每一面，一個月的刊登費用大約是 1 萬元左右。如果，決定使用 50 部公車，那麼，一個月的公車刊登費用大概為 50 萬元，此比電視廣告要便宜很多。

三、公車廣告的製作

公車廣告的製作，大致上可以委託公車廣告的代理商，例如：漁歌、摩菲爾……等代理商協助製作，並負責刊登上去。在製作上，必須注意到，公車車體外廣告主要是以露出「品牌名稱」為主要元素，希望廣大消費者在等待公車的時候，可以看到它的品牌名稱。

四、公車車體外廣告種類

公車車體外廣告種類，主要有兩種：一是滿版廣告，二是破格廣告。破格廣告就是指廣告版面的設計，會延伸到公車窗戶上面，而形成吸引人注目的目的。

五、漁歌：公車廣告代理商

(一) 臺北漁歌廣告公司號稱為全臺覆蓋範圍第一的公車廣告代理商；其公車媒體配車數已達 5,000 輛車之多，市占率亦達六成以上。

(二) 漁歌代理的客運，計有：臺北客運、首都客運、大都會客運、三重客運、臺中客運、高雄客運等。

六、摩菲爾：公車廣告代理商

(一) 臺北摩菲爾廣告公司，亦為全臺知名且大型的公車廣告代理商。

(二) 在大臺北路線方面：涵蓋臺北車站、忠孝商圈、信義商圈、西門町、南亞商圈、內湖科技園區、公館商圈、天母士林商圈。其下代理的客運廣告，計有：大南客運、大有巴士、中興巴士、東南客運、欣欣客運、指南客運等。

(三) 在大臺中路線：行經中友商圈、站前商圈、SOGO 商圈、七期商圈、逢甲商圈、東海商圈等。配合的客運，計有：統聯客運、中鹿客運、東南客運等。

(四) 在大高雄路線：行經左營商圈、火車站商圈、五福商圈、六合商圈、漢神百貨商圈、統一夢時代商圈等。配合的客運，計有：統聯客運、漢程客運、港都客運、東南客運等。

6-3 捷運廣告的種類、效果及刊登費用

一、全臺捷運處所

全臺捷運點，已有臺北市、新北市、高雄、桃園及臺中等五個處所。

二、臺北捷運廣告刊登費用

(一) 臺北捷運廣告刊登費用，主要看兩個因素而決定：一是看屬於 A 級站、B 級站、C 級站；二是看它所處的捷運站內哪一個點，以及那個點的面積大小。

(二) 一般來說，臺北捷運廣告平均每面的每月廣告刊登費用，約在 5~100 萬元之間。

(三) 屬於臺北捷運 A 級站的是最貴，因為它的流量人口最多，效果最好；包括臺北火車站、忠孝復興站等均是。

三、臺北捷運廣告種類

臺北捷運站廣告種類，包括：

(一) 大型／小型燈箱廣告。

(二) 大型貼紙廣告。

(三) 吊掛式大型布幔廣告。

(四) 站點的 LED 電視廣告。

(五) 捷運站外廣告。

四、臺北捷運廣告效果

每天在大臺北捷運流動的上班族、學生、一般消費者，大致超過 500 萬人口，這是一個很大的消費族群，因此，臺北捷運廣告仍可收到一定的廣告露出效果。當然，此種效果仍屬於提升該刊登產品的品牌效果。

6-4 臺北捷運廣告簡介

一、臺北捷運廣告的優勢

臺北捷運廣告已成為臺北市的最主要交通及戶外媒體廣告，其廣告效果也是受到肯定的。根據臺北捷運公司的介紹，其戶外廣告具有下列五項優勢，如下：

(一) 大量人潮潛藏龐大商機

· 臺北捷運是臺北都會區 7 百萬人口及 7 百萬觀光客最仰賴的交通工具。

· 2020 年臺北捷運平均每日運量達到約 204 萬人次，年總運量已達約 7.4 億，自通車至今，累計運量超過 90 億人次，每年運量持續成長，龐大的川流人潮是不可忽視的潛藏商機。

(二) 國內最大的戶外交通媒體

據廣告媒體調查，全臺戶外媒體廣告量占媒體廣告總量 10.6%，是穩定發展的廣告媒體，而臺北捷運廣告媒體是國內最大的戶外交通媒體，提供各類廣告大量曝光的版位空間。

(三) 高消費人流，創造高廣告價值

· 依 2017 年臺北捷運旅客特性調查，旅客年齡介於 20 至 49 歲之主力消費族群，占比約為 68.9%。

· 臺北捷運貫穿大臺北都會精華區，車站與商業大樓、百貨公司、醫院、機場等連通共構，並鄰近商圈、夜市、觀光景點，不僅帶來大量人潮，更突顯廣告的價值。

(四) 優質的廣告可美化車站空間，提供旅客生活體驗，並創造加乘的商業效果

具有設計感的廣告可美化車站空間，並可提供各種生活資訊及有趣的互動體驗，不但提升旅客搭乘捷運系統的樂趣，並可創造加乘的商業效果。

(五) 車站連接商場、百貨及品牌商圈

捷運車站與周圍商圈連接，各式國際名牌、高級服飾、珠寶名錶，高級餐廳等林立，引領時尚潮流的知名百貨、商場、旗艦店等比比皆是，帶來川流不息的

購物人潮，加上其他轉運的大量旅客及觀光旅遊活動，捷運車站成為商業及消費集中所在，是最熱門的廣告選擇。

二、臺北捷運廣告的十種呈現方式

臺北捷運廣告呈現，具有多元化的展現，主要有十種，如下：

(一) 燈箱（大、中、小型）。

(二) 壁貼（大、中、小型）。

(三) 琺瑯板貼。

(四) 破格貼。

(五) 創意展示廣告。

(六) 月臺門廣告。

(七) 月臺電視廣告。

(八) 車體廣告。

(九) 車廂內海報廣告。

(十) 車廂外創意廣告。

三、國內各軌道系統的每日平均運量

國內最主要軌道系統的每日平均運量，以臺北捷運最多，顯示其人流量很大，頗具廣告效果。目前，五大軌道系統的每日平均運量人數，如下：

(一) 臺北捷運：205 萬人次。

(二) 臺鐵：61 萬人次。

(三) 高鐵：17 萬人次。

(四) 高雄捷運：18 萬人次。

(五) 桃園捷運：6 萬人次。

四、臺北捷運主要人流量最多的五條路線

依序為：

(一) 板南線：61 萬人次。

(二) 淡水信義線：54 萬人次。

(三) 松山新店線：35 萬人次。

(四) 中和新蘆線：35 萬人次。

(五) 文湖線：20 萬人次。

6-5 戶外大型看板廣告、高鐵／臺鐵廣告及計程車廣告

一、戶外大型看板廣告

戶外大型看板或大型 LED 電視看板廣告，也是日益重要。

(一) 戶外大型看板廣告的地點

以臺北市來說，目前戶外大型看板的地點，主要以下列為主：

1. 臺北信義區百貨商圈。
2. 臺北西門町商圈。
3. 臺北火車站商圈。
4. 臺北忠孝東路東區商圈。
5. 臺北公館／臺大商圈。
6. 臺北建國南北路高架橋大型牆面廣告。

上述這些商圈人口流動多，戶外廣告被目擊到的機率很高，廣告效果也是會有的。

二、高鐵、臺鐵、機場廣告

目前，高鐵站、臺鐵站、松山機場站、桃園機場站內等，也有不少大型廣告看板或廣告貼紙的出現。由於這些重要交通據點的每天流量人口也很多，因此，也是一個適合刊登廣告的好場所。但是，其目標，也是在提升廠商的品牌資產效果。

三、計程車內／外廣告

另外，還有計程車內／外廣告刊登；例如：像臺灣最大的計程車平臺，即臺灣大車隊，其計程車內，後座的前方，即有一個安裝的小型 LED 電視廣告畫面，坐在後座的乘客，必然就會看到前面的電視廣告螢幕。

6-6 戶外廣告照片參考

一、公車廣告

🔓🔍圖 6-3　「日立變頻冷氣」的臺北公車廣告

🔓🔍圖 6-4　「循利寧藥品」的公車廣告

🔓🔍 圖 6-5 「大學眼科」的公車廣告

🔓🔍 圖 6-6 「1111 人力銀行」的公車廣告

圖 6-7 「abc 好車網」的公車廣告

圖 6-8 「HP 筆電」的公車廣告

二、臺北捷運廣告

🔒🔍 圖 6-9 「Apple iPhone 手機」的捷運廣告

🔒🔍 圖 6-10 「acer 筆電」的捷運廣告

三、戶外大型看板廣告

圖 6-11　「Panasonic家電」的戶外大型看板廣告

圖 6-12　「中華電信」的戶外大型看板廣告

🔒🔍 圖 6-13　臺北信義商圈的戶外大型 LED 廣告

複習題目（簡答題）

一、何謂 OOH 廣告？

二、請列出戶外廣告成為重要輔助媒體的二大原因為何？

三、請列示戶外廣告的五個種類為何？

四、請列示公車車體外的廣告價格大約多少？

五、請列出公車車體外廣告種類有哪兩種？

六、請列出全臺有哪兩家較大的公車廣告代理商？

七、請列出臺北市有哪五家公車公司？

八、請列出至少五種臺北捷運廣告的呈現方式為何？

九、請列示臺北捷運的廣告價格有區分哪三種站別？

十、請列示臺北捷運的 A 級站廣告，有哪四個站點？

十一、請列出至少三處地點的臺北市戶外大型看板廣告點。

Chapter **7**

廣播廣告概述

7-1 廣播發展現況及收聽率較高的廣播電臺

一、廣播發展現況

(一) 近十多年來，廣播發展亦與平面報紙、平面雜誌一樣，陷入大幅衰退的狀況，關閉的電臺也不少；但因廣播電臺經營成本比較低，因此，大多能夠撐下去。到目前，北、中、南部仍還有為數 100 多家的小型廣播電臺殘存著。

(二) 廣播廣告量，從最高峰的 30 億元，下滑到目前僅剩 15 億元。

(三) 雖然廣播電臺也發展出從電腦或手機中，都可以收聽廣播，但其收聽率仍然偏低；可以說是一個小眾市場。

(四) 目前，會收聽廣播的，仍以計程車司機、開車上班族、以及退休老人等為主力。

二、各地區收聽率較高的廣播電臺

目前，依據尼爾森媒體大調查顯示，各地區比較高收聽率的知名廣播公司，計有如下：

(一) **北部地區（前六名）**

　1. 警廣。

　2. 中廣流行網、新聞網。

　3. NEWS 98。

　4. 好事聯播網。

　5. 飛碟電臺。

　6. 臺北流行廣播電臺 (POP radio)。

(二) **臺中地區**

　全國廣播電臺（第一名）。

(三) **桃園地區**

　亞洲電臺（第一名）。

(四) 高雄地區

港都電臺（第一名）。

三、廣播媒體代理商

廣播媒體代理商，主要有下列四家專業公司：

(一) 環球七福（第一名）。

(二) 瑞迪（第二名）。

(三) 知鑫。

(四) 尚友。

7-2 部分廣播電臺一覽表及廣播廣告價目表

一、部分廣播電臺名單一覽表

媒體名稱	調頻 FM／調幅 AM
中國廣播電臺	
臺北總臺（中廣i go 531）	AM531
臺灣廣播電臺	AM106.2
臺南廣播電臺	FM103.1
高雄廣播電臺	FM103.3
嘉義廣播電臺	FM103.1
花蓮廣播電臺	FM102.1
宜蘭廣播電臺	FM102.1
新竹廣播電臺	FM102.9
苗栗廣播電臺	FM102.9
飛碟聯播網	
飛碟廣播股份有限公司	FM92.1
財團法人臺東知本廣播事業基金會	FM91.3
財團法人民生展望廣播事業基金會	FM90.5
財團法人真善美廣播事業基金會	FM89.9
財團法人北宜產業廣播事業基金會	FM89.9

媒體名稱	調頻 FM／調幅 AM
財團法人太魯閣之音廣播事業基金會	FM91.3
財團法人澎湖社區廣播事業基金會	FM98.7
財團法人中港溪廣播事業基金會	FM91.3
南臺灣之聲廣播股份有限公司	FM103.9
HIT FM 聯播網	
台北之音廣播股份有限公司	FM107.7
中臺灣廣播電臺股份有限公司	FM91.5
高屏廣播股份有限公司	FM90.1
宜蘭之聲中山廣播股份有限公司	FM97.1
東臺灣廣播股份有限公司	FM107.7
正聲廣播公司	
正聲廣播公司	FM104.1 / AM819
臺中臺	AM990 / AM657
嘉義廣播電臺	AM855 / AM1260
雲林廣播電臺	AM1125 / AM675
高雄廣播電臺	AM1008 / AM1395
臺東廣播電臺	AM1269
宜蘭廣播電臺	AM1062
大眾聯播網	
大眾廣播股份有限公司	FM99.9
南投廣播事業股份有限公司	FM99.7
城市廣播網	
財團法人健康傳播事業基金會（臺北健康廣播電臺）	FM90.1
大苗栗廣播股份有限公司	FM98.3
城市廣播股份有限公司	FM92.9
臺南知音廣播股份有限公司	FM97.1
好事聯播網	
人人廣播股份有限公司	FM89.9
港都廣播電臺股份有限公司	FM98.3

媒體名稱	調頻 FM／調幅 AM
山海屯青少年之聲廣播股份有限公司	FM90.3
蓮花廣播電臺股份有限公司	FM93.5
南方之音廣播股份有限公司	FM89.3
亞洲聯播網	
亞洲廣播股份有限公司	FM92.7
亞太廣播股份有限公司	FM92.3
飛揚廣播股份有限公司	FM89.5
快樂聯播網	
全景社區廣播電臺股份有限公司	FM89.3
望春風廣播股份有限公司	FM89.5

二、廣播廣告價目表

時間	中廣新聞網 週一至週五	中廣新聞網 週六至週日	中廣流行網 週一至週五	中廣流行網 週六至週日	中廣音樂網（已取消販售廣告）週一至週五	中廣音樂網 週六至週日	NEWS 98 FM98.1 週一至週日	飛碟聯播網 UFO FM92.1 週一至週六	UFO FM92.1 週日	ICRT FM100.7 週一至週六	ICRT FM100.7 週日
0000-0100	C 2,000	C 2,000	B 10,000	C 5,000	B 9,350	B 6,000	B 4,800	C 6,000	C 6,000	B 7,500	B 7,500
0100-0200	C 2,000	C 2,000	B 10,000	C 5,000	B 9,350	B 6,000	B 4,800	C 6,000	C 6,000	B 7,500	B 7,500
0200-0300	C 2,000	C 2,000	B 10,000	C 5,000	B 9,350	B 6,000	B 4,800	C 6,000	C 6,000	B 7,500	B 7,500
0300-0400	C 2,000	C 2,000	B 10,000	C 5,000	B 9,350	B 6,000	B 4,800	C 6,000	C 6,000	B 7,500	B 7,500
0400-0500	C 2,000	C 2,000	B 10,000	C 5,000	B 9,350	B 6,000	B 4,800	C 6,000	C 6,000	B 7,500	B 7,500
0500-0600	C 2,000	C 2,000	C 8,000	C 5,000	C 5,500	C 5,000	C 4,000	D 4,000	D 4,000	C 5,000	C 5,000
0600-0700	B 3,000	B 3,000	B 10,000	B 6,000	B 9,350	B 6,000	B 4,800	C 6,000	C 6,000	B 7,500	B 7,500
0700-0800	AA 5,000	B 3,000	特A 15,000	B 6,000	特A 15,525	A 8,000	特A+ 12,000	A 12,800	C 6,000	A+ 12,000	B 7,500
0800-0900	AA 5,000	B 3,000	特A 15,000	B 6,000	特A 15,525	A 8,000	特A+ 12,000	A+ 14,000	C 6,000	A+ 9,500	B 7,500
0900-1000	A 4,000	A 4,000	A 12,000	A 8,000	A 11,550	A 8,000	A+ 9,600	A 12,800	C 6,000	B 7,500	B 7,500
1000-1100	A 4,000	A 4,000	A 12,000	A 8,000	A 11,550	A 8,000	A+ 9,600	A 12,800	C 6,000	B 7,500	B 7,500
1100-1200	A 4,000	A 4,000	A 12,000	A 8,000	A 11,550	A 8,000	A 7,200	B 9,600	C 6,000	B 7,500	B 7,500
1200-1300	A 4,000	A 4,000	A 12,000	A 8,000	A 11,550	A 8,000	A 7,200	B 9,600	C 6,000	B 7,500	B 7,500
1300-1400	A 4,000	A 4,000	A 12,000	A 8,000	A 11,550	A 8,000	A 7,200	A 12,800	C 6,000	B 7,500	B 7,500
1400-1500	A 4,000	A 4,000	A 12,000	A 8,000	A 11,550	A 8,000	A 7,200	A 12,800	C 6,000	B 7,500	B 7,500
1500-1600	A 4,000	A 4,000	A 12,000	A 8,000	A 11,550	A 8,000	A 7,200	A 12,800	C 6,000	B 7,500	B 7,500
1600-1700	A 4,000	A 4,000	A 12,000	A 8,000	A 11,550	A 8,000	A 7,200	A 12,800	C 6,000	B 7,500	B 7,500
1700-1800	AA 5,000	A 4,000	特A 15,000	特A 10,000	特A 15,525	特A 9,000	A+ 9,600	A 12,800	C 6,000	A 9,500	B 7,500
1800-1900	AA 5,000	A 4,000	特A 15,000	特A 10,000	特A 15,525	特A 9,000	A+ 9,600	A 12,800	C 6,000	A 9,500	B 7,500
1900-2000	A 4,000	A 4,000	A 12,000	A 8,000	A 11,550	B 6,000	B 4,800	A 12,800	C 6,000	B 7,500	B 7,500
2000-2100	A 4,000	A 4,000	A 12,000	A 8,000	A 11,550	B 6,000	B 4,800	A 12,800	C 6,000	B 7,500	B 7,500
2100-2200	B 3,000	B 3,000	B 10,000	A 8,000	B 9,350	B 6,000	B 4,800	B 9,600	C 6,000	B 7,500	B 7,500
2200-2300	B 3,000	B 3,000	B 10,000	A 8,000	B 9,350	B 6,000	B 4,800	B 9,600	C 6,000	B 7,500	B 7,500
2300-2400	B 3,000	B 3,000	B 10,000	A 8,000	B 9,350	B 6,000	B 4,800	B 9,600	C 6,000	B 7,500	B 7,500

資料來源：中華民國廣告年鑑，2020 年。

考試及複習題目（簡答題）

一、請列出北部地區前六名收聽率的廣播電臺為何？

二、請列出臺中、桃園、高雄地區第一名收聽率的廣播電臺各為何？

三、請列出廣播收聽較高的三個族群為何？

四、請列示目前代理廣播廣告第一名的代理商公司為何？

Chapter **8**

店頭行銷廣告概述

8-1 店頭行銷的重要性、種類及功能

一、店頭行銷日益重要

店頭行銷又稱「最後一哩」的行銷，透過這個廣告宣傳及廣告物製作陳列，會有某種程度影響到消費者的購買行為。因此，這種店頭行銷的重要性日益重要，受到頗多廠商的重視。

二、店頭行銷的六個種類

賣場內外的店頭行銷，其種類有以下幾種：

(一) 賣場內的試吃、試喝攤位：會增加對陌生品牌的注意。

(二) 賣場內的特別造型陳列：有些品牌極力透過創意，打造出特別的造型陳列，以吸引來現場的消費者注意的目光，進而採取購買行為。

(三) 包裝式促銷宣傳：此種稱為 on-pack promotion，亦即在產品的外包裝上面，寫著「買一送一」、「買二送一」、「買大送小」、「加贈 200 克」、「買就贈禮品」……等各種的包裝式促銷，可以有效吸引消費者拿取購買。

(四) 陳列架上的各式插牌：有些新產品或特價品的陳列架上，會有各式插牌放置在側邊，以吸引消費者注意選購。這些插牌內容，主要仍是各種促銷的訊息呈現。

(五) 藝人代言的圖片人形立牌：藝人代言的圖片（照片）人形立牌，放置在產品陳列的旁邊，以吸引消費者注目。

(六) 陳列架旁邊各式吊牌與海報貼紙。

圖 8-1　店頭行銷廣告的六個種類

　　最後，在賣場內，還有各式各樣的大、中、小型廣告吊牌與大型海報貼紙。

三、店頭行銷的四大功能

　　店頭行銷 (In-Store Marketing) 具有下列四大功能：

(一) 可以吸引消費者更多的注目及觀看。

(二) 可以增加該品牌的曝光機會，提升品牌形象度及知名度。

(三) 可以增加此品牌被選購的機會。

(四) 可以提高此品牌的銷售業績。

🔍 圖 8-2　店頭行銷的四大功能

8-2　店頭廣告的效果及整合型店頭行銷的一套操作

一、店頭內廣告效果調查的報告結果

　　在 2020 年度時，國內做店頭行銷最大的公司——立點效應媒體公司，曾委託尼爾森公司針對各種廣告媒體對商品選購的影響度的調查，其結果如圖 8-3，顯示店頭內廣告的效果僅次於電視廣告，故店頭行銷廣告的重要性得到證明。

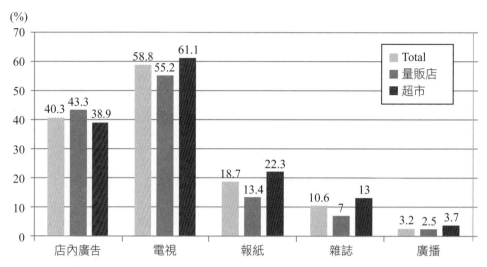

資料來源：立點效應公司及尼爾森公司。

🔍 **圖 8-3　廣告媒體對商品選購的重要占比**

二、整合型店頭行銷的一套操作

　　一個有效的「整合型店頭行銷」內涵，不管從理論或實務而言，大致應包括下列一整套同步、細緻與創意性的操作，才會對銷售業績有助益：

　1. POP（店頭販促物）設計是否具有目光吸引力？

　2. 是否能爭得在賣場的黃金排面？

　3. 是否能專門設計一個獨立的陳列專區？

　4. 是否能配合贈品或促銷活動（例如：包裝附贈品、買三送一、買大送小）？

　5. 是否能配合大型抽獎促銷活動？

　6. 是否有現場事件 (Event) 行銷活動的舉辦？

　7. 是否陳列整齊？

　8. 是否隨時補貨，無缺貨現象？

　9. 新產品是否舉辦試吃、試喝活動？

10. 是否配合大賣場定期的週年慶或主題式促銷活動？

11. 是否與大賣場獨家合作行銷活動或折扣作回饋活動？

12. 店頭銷售人員整體水準是否提升？

圖 8-4 整合型店頭行銷操作

三、結語：總合行銷戰力

　　由各家企業的積極態度可以發現，店頭力時代已經來臨。長期以來，行銷企劃人員都知道行銷制勝戰力的主要核心在「商品力」及「品牌力」。但是在市場景氣低迷，消費者心態保守，以及供過於求的激烈廝殺的行銷環境之下，廠商想要行銷制勝或保持業績成長，勝利方程式將是：**店頭力＋商品力＋品牌力＝總合行銷戰力**。

8-3 店頭行銷廣告照片參考

🔍 圖 8-5 　「海倫仙度絲洗髮乳」的特殊陳列專區

🔍 圖 8-6 　「專科保養品」的特別陳列專區

圖 8-7 「Crest 牙膏」在賣場陳列架上的插牌廣告，代言人為蔡依林

圖 8-8 「桂格養氣人蔘精」在賣場的特別陳列專區，代言人為謝震武

圖 8-9　黛安芬在大賣場買 3 送 1 的宣傳廣告招牌

圖 8-10　家樂福大賣場內的年度銷售冠軍商品宣傳招牌

🔓🔍圖 8-11 「黑人牙膏」在賣場的特別陳列專區，以及附贈品包裝宣傳

🔓🔍圖 8-12 「舒酸定牙膏」在賣場的特別陳列專區及宣傳招牌

🔍 圖 8-13 「LUX 麗仕洗髮乳」在賣場內買 1 送 1 的宣傳廣告招牌

🔍 圖 8-14 「靠得住衛生棉」在賣場內買 1 送 1 的宣傳廣告招牌

圖 8-15　「御茶園飲料」在賣場的宣傳廣告招牌，代言人為林志玲及其日籍先生

圖 8-16　「統一陽光豆漿」在賣場陳列架上的插牌廣告，宣傳堅持使用非基改黃豆

圖 8-17 「幫寶適紙尿褲」的特別陳列專區，非常醒目

圖 8-18 「鮮乳坊鮮奶」品牌在賣場內的特殊造型陳列專區，吸引目光

複習題目（簡答題）

一、請列示店頭行銷為何日益重要？

二、請列示店頭行銷的六個種類為何？

三、請列示店頭行銷的四大功能為何？

四、請列示總合行銷戰力的公式為何？

Chapter **9**

數位廣告量
統計及計價方法

9-1　臺灣「數位廣告量」統計報告分析

根據「DMA－臺灣數位媒體應用暨行銷協會」所做的「2019 年度臺灣數位廣告量統計報告」，呈現如下重點結論：

一、臺灣 2011~2019 年臺灣數位廣告總量與成長率

(一) 根據權威的 DMA 統計，顯示出臺灣數位廣告總量，從 2011 年的 102 億，快速成長到 2019 年的 458 億，近十年來成長 4 倍之多。

(二) 這些成長的金額，就是從電視、報紙、雜誌及廣播減少而得到的。

(三) 此亦顯示出臺灣廣告總量在各媒體結構比例上的明顯變化。臺灣數位廣告量真的崛起了。

(四) 如下表所示：

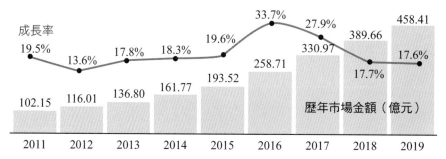

資料來源：DMA，臺灣數位媒體應用暨行銷協會，2020 年。

圖 9-1　2011~2019 年臺灣數位廣告總量與成長率

二、臺灣數位廣告類型統計量

如表 9-1 所示，臺灣一年 458 億數位廣告量中，其呈現類型大概有如下五種：

(一) **展示型廣告**：占 164 億元，占比為 35%，居最多廣告量。展示型廣告，亦即以文字＋圖片來展示出此廣告內容。

(二) **影音廣告**：約 111 億元，占比為 24.2%，亦即以影音畫面呈現廣告內容。

(三) **關鍵字廣告**：約 112 億元，占比為 24.2%，亦即以關鍵字搜尋廣告呈現。

表 9-1 2019 年全年度臺灣數位廣告類型統計

兩大媒體平臺 廣告類型	一般媒體平臺 (General Media)				社交媒體平臺 (Social Platform)				兩大平臺類型總和	
	手機／平板 Mobile		電腦 Desktop		手機／平板 Mobile		電腦 Desktop			
	總金額	百分比	總金額	百分比	總金額	百分比	總金額	百分比	總金額	百分比
展示型廣告 Display Ads.	38.58	8.42%	14.00	3.05%	94.32	20.58%	17.11	3.73%	164.01	35.78%
影音廣告 Video Ads.	56.43	12.31%	30.42	6.64%	21.31	4.65%	2.95	0.64%	111.11	24.24%
關鍵字廣告 Search Ads.	61.75	13.47%	51.13	11.15%	0	0%	0	0%	112.88	24.62%
口碑／內容操作 Buzz / Content Marketing	26.63	5.81%	9.36	2.04%	29.92	6.53%	3.02	0.66%	68.93	15.04%
其他廣告類型 Other Ads.	1.29	0.28%	0.19	0.04%	0	0%	0	0%	1.48	0.32%
平臺 ×類型總和	184.68	40.29%	105.10	22.92%	145.55	31.76%	23.08	5.03%	458.41	100%
整體廣告量	458.41（億元）									

資料來源：同圖 9-1，DMA，2020 年。

(四) 口碑及內容操作：約 78.9 億元，占比為 15%，亦即以口碑行銷及內容行銷來呈現廣告。

(五) 其他廣告類型：占比很低。

三、註解說明：臺灣數位廣告偏高

(一) 經請教很多實務界廣告專家及行銷專家，他們表示由 DMA 組織所做的臺灣數位廣告金額統計，在 2019 年度高達 458 億元之多。他們表示對此極高金額存疑，有可能是偏高的數字，而且 DMA 組織也沒有標示這 458 億金額是哪些網路媒體公司所達成的。

(二) 實務界人士認為，比較合理的數字，臺灣數位廣告總金額，每年約在 200 億元左右，與電視廣告金額的 200 億元相當。因此，電視及數位廣告金額已併列為國內第一大廣告量的兩大媒體了。

四、數位廣告量名詞解釋

(一) 展示型廣告：包含一般橫幅廣告 (Banner)、文字型廣告 (Tex-Link)、多媒體廣告 (Rich Media)、原生廣告 (Native Ads.) 等。

(二) 影音廣告 (Video Ads.)：
- 外展影音廣告：在一般網路服務中，插入影音廣告。含展示型、out stream 型態。
- 串流影音廣告：在影音節目觀看服務中所呈現的 pre-roll 或 in stream 型態。

(三) 關鍵字廣告 (Search Ads.)：包含付費搜尋行銷廣告 (Paid Search) 及內容對比廣告 (Content Match) 等。

(四) 口碑內容行銷 (Buzz & Content)：
- 內容置入：撰寫內容介紹商品與服務，置入既存媒體的版面時段。
- 網紅業配及直播 (KOL Marketing)：透過具社群影響力者合作的行銷方式。
- 口碑操作 (Buzz)：於網路媒體上增加行銷產品之討論度。

(五) 其他 (Other)：包含郵件廣告 (EDM)、簡訊 (SMS、MMS)。

資料來源：同表 9-1，DMA，2020 年。

五、數位廣告業主要流向分析

如前所述，這一年 400 多億元廣告量，依據實務界人士指出，其主要流向，

大致有如下九大方向：

1. 臉書 (Facebook)。

2. IG (Instagram)。

3. YouTube (YT)。

4. Google 關鍵字。

5. Google 聯播網。

6. 雅虎奇摩入口網站。

7. 國內新聞網站（如 ET Today、Udn、中時電子報、蘋果新聞網）。

8. LINE（簡訊、官方帳號）。

9. 其他（例如：Dcard、痞客幫及其他專業、親子、遊戲、3C、彩妝、保養、旅遊……等內容網站）。

圖 9-2　數位廣告量的九大流向

9-2 數位廣告計價方法說明

一、數位廣告計價方法分析

數位廣告計價方法與傳統媒體廣告計價方法有明顯的不同。其主要計價方法，以下列三種為最主要常見：

(一) CPM 法

1. 此即 Cost per Mille 或 Cost per 1,000 impression；即每千人次曝光成本計價或每千人次瀏覽成本計價。

2. 目前大部分網站均採取此法。例如：FB、IG、新聞網站、內容網站、雅虎……等均是。

3. 目前在實務上，採取 CPM 法的價格約在：
   - FB / IG：每個 CPM 在 150~300 元之間。
   - 新聞網站：每個 CPM 在 100~400 元之間。

4. 換言之，如果在 FB、IG、新聞網站要達到 100 萬人次的曝光，就要花費：
   300 元×1,000 個 CPM＝30 萬元廣告預算

(二) CPC 法

1. 第二種為 CPC 法，即 Cost per Click，即每點擊一次的成本計價方法。

2. 目前採取 CPC 法的最主要是 Google 的聯播網 (Google Display Network，簡稱 GDN)。

3. 目前 Google 聯播網的實際 CPC 廣告價格，約每一個 CPC 在 8~10 元之間。
   例如：想要達到 10 萬個點擊進去的廣告預算，即要支付：
   10 元×100,000 次點擊＝100 萬元廣告預算

(三) CPV 法

1. 第三種實務方法是 CPV 法，即 Cost per View，每觀看一次的付費價格。

2. 此法最常用在影音網站，主力是 YouTube (YT)；目前，每一個 CPV 價格約在 1~2 元之間。

3. 因此，若要達成 100 萬人次的點看，則要支付：
   2 元×100 萬人次點看＝200 萬元廣告預算

二、其他次要方法

其他使用比較少的網路廣告計價法，還有如下幾種：

1. CPA：此即 Cost per Action，即每次採取有效行動之成本計價法。

2. CPS：Cost per Sales，即每次有效銷售成功之成本計價。

3. CPL：Cost per Lead，即每次有效取得顧客名單之成本計價。

圖 9-3　網路廣告的計價方法

9-3 網路廣告的五種行銷管道

一、關鍵字廣告 (Search Ads.)

所謂「關鍵字廣告」，就是當我們在 Google 搜尋欄中輸入關鍵字並按下搜尋時，出現在搜尋排名最上方且標註廣告的搜尋結果。假設今天是賣肉鬆的老闆想要投放「關鍵字廣告」，他可以買下「肉鬆推薦」這組關鍵字——當有購買肉鬆需求的人在 Google 搜尋欄中輸入該關鍵字，就會在搜尋結果上方顯示其廣告內容。每組關鍵字所需要的費用不同，關鍵字的競爭程度也會影響關鍵字價格，越多人購買的關鍵字組合，價格也容易飆升。

關鍵字廣告投放技巧：你的預算有限時，盡量不要和大廠商爭奪競爭度較高的關鍵字，可以嘗試投放具有相關性且競爭較低的關鍵字。

二、多媒體聯播網廣告 (Google Display Network)

什麼是「多媒體聯播網廣告」？回想一下，你之前在瀏覽網站平臺時，是不是常會在網站頁面看到各種格式的圖片廣告呢？有時結合了限時促銷，有時是新品上市，其實這些就是「多媒體聯播網廣告」。多媒體聯播網廣告的型式有很多種，通常會搭配圖片，不同長寬格式的圖片結合廣告文案，出現在頁面瀏覽者面前。

多媒體聯播網廣告的特點，就是能透過多種圖片格式去接觸目標客群且觸及率高，也可以針對目標客群較有興趣瀏覽的網站及應用程式投放廣告（Google

網站、Gmail、YouTube……等）。

　　聯播網廣告投放技巧：聯播網廣告可以透過設定，將你的廣告曝光在特定類型的網站。你可以選擇你的受眾可能較活躍、與你的產品相關的網站，大幅增加曝光平臺與廣告的關聯性。

三、購物廣告

　　購物廣告可以將你要販賣的產品推廣到 Google 搜尋引擎上，針對你要銷售的產品提供詳細的資訊，內容包含了產品圖片、產品名稱、產品價格及品牌網站的名稱。以前文所舉的「肉鬆」為例，你可以在搜尋「肉鬆」時，看到「肉鬆」的購物廣告出現在搜尋頁面的頂端。

四、影片廣告

　　常見的影片廣告，像是於 YouTube 播出的影片廣告內容，也可以於 Google 合作的多媒體廣告聯播網上的其他串流影片內容播放。影片廣告可以透過針對目標用戶興趣的設定，將廣告曝光到對應的用戶瀏覽頁面上。

五、FB 廣告／IG 廣告

　　Facebook 廣告是企業最常選擇的網路廣告之一，只要有在經營自身品牌的粉絲專頁，通常會透過下推廣貼文廣告的方式，讓特定貼文在動態消息觸及到更廣泛的用戶。FB 廣告能夠依照你的廣告投放需求，去設定「目標受眾」、「廣告投放時間」……，像是你可以依照你的「目標受眾」所居住城市、性別、年齡、興趣，來設定廣告推送，避免你的廣告曝光在不相關的人面前，造成浪費。值得注意的是，FB 廣告的競價機制也會評估你的廣告品質與相關性、受眾的反應狀況，所以在設定 FB 廣告活動時，也要特別注意廣告內容本身的相關性。另外，FB 廣告管理員可以預先評估「觸率和頻率」，估算不同的觸及人數範圍、使用者的互動頻率需要多少預算，來規劃如何達成成效。

　　FB 廣告投放技巧：另外你可以透過 Facebook 廣告受眾洞察報告，來不斷修正廣告投放的精確性。

六、結語

　　透過以上介紹，你可以了解到現今網路廣告行銷的管道選擇，更重要的是如

何在投放廣告後，透過廣告指標數據來追蹤成效，以持續調整廣告內容及策略，但其實在進行網路廣告之前，你應該先有清楚的行銷目的定位。

另外，網路廣告需要投入長期的時間和預算成本，對於微型企業或是新創產業來說，勢必會消耗大量的行銷預算，因此除了網路廣告行銷外，可以將部分的廣告預算分配到內容行銷經營，或是 SEO 搜尋引擎優化來取得更多的曝光來源，這樣不僅能分散行銷預算的風險，也更可以依照不同的行銷目的需求，調配較為合適的行銷管道分配。

9-4 數位廣告代理商提供的服務及選擇重點

一、數位廣告代理商提供哪些服務

數位廣告代理商比較正式的名稱是「數位媒體經銷商」，也有人稱為數位廣告代操，一般廣告代理商會提供：1. 如 Google、Yahoo、Facebook、LINE……等數位媒體廣告操作服務，他們的目標是把活動、產品訊息，投放給對的人，進而為商家達成目標效益。2. 除了數位媒體廣告投放，部分廣告公司會額外提供口碑行銷、網紅 KOL 合作、內容行銷相關服務。

01
關鍵字廣告
(Google……)

02
社交媒體廣告
(Facebook, Instagram……)

03
多媒體聯播網廣告
(Google Display Network……)

04
影音廣告
(YouTube……)

05
口碑行銷
(部落格、KOL……)

06
內容行銷

🔍 圖 9-4　數位廣告代理商提供的服務內容有哪些

二、數位廣告代理商的五大選擇重點

(一) 該公司操作過相關產業，且有成功案例。

(二) 了解消費趨勢，能夠提出有效的行銷建議。

有經驗的代理商不只投放廣告，也會提供業主產業趨勢建議。例如：官網如何調整、廣告可以如何搭配促銷提升成效，都是他們的 Know-how。

(三) 針對你的品牌現狀，規劃出合理的廣告策略。

代理商在提案前，應要針對業主的狀況做好功課，包含業主的品牌知名度、行銷目標、競業動態……等，才能和業主一起規劃合理的廣告策略。

(四) 報價合理。

一般廣告代理商的收費占廣告預算的 15% 左右。例如：你請代理商投放 10 萬元廣告，代理商收取 15% 服務費，也就是額外收取 1.5 萬的費用。

(五) 是否定期提供客製化報表、及廣告策略修正討論。

在投放數位廣告的過程，必須持續追蹤廣告投放的成效，透過累積到的數據來持續修正廣告投放的策略，負責任的數位廣告公司會定期（如：一週、雙週或是每月）回報廣告投放狀況，廣告內容是否需要修正等，並提供廣告報表的整理，持續與客戶討論下一步是否要維持目前的廣告策略，或是需要修正目前的廣告投放策略。在與數位廣告代理商洽談時，可以討論廣告投放後的報表回報時間和格式，報表格式可以客製化，根據不同的廣告目標，像是若你的廣告目標為「客戶在網站的實際轉換」（填單、下單），可以要求數位廣告代理商整理「轉換率」等數據，而不是只強調較不相關的曝光率。

01｜該公司操作過相關產業，且有成功案例。

02｜了解消費趨勢，能夠提出有效的行銷建議。

03｜能針對你的品牌現狀，規劃出合理的廣告策略。

04｜報價合理。

05｜是否定期提供客製化報表及廣告策略修正討論。

圖 9-5　數位廣告代理商的五大選擇要點

三、投放數位廣告之前，廠商應先做好的四項功課

(一) 你想找的客群特徵

・你的顧客年齡及性別的範圍？男性多還是女性多？

・不同客群的購買力、消費行為。

　　例如：你的客群中，大多是 18~25 歲的女性，常常光顧但消費金額低；而 25 歲以上的客人雖然相對少，但客單價高。這些顧客消費特徵都會影響你的廣告投放策略。

(二) 你的顧客何時比較願意消費

　　掌握平日、假日、節慶、不同月分和季節的業績概況，你才知道何時增加廣告費做促銷最有效。

(三) 確立你的行銷目標

　　你的商店目前的行銷目標是什麼？行銷目標指的不是你這個月要做幾萬業績，而是你希望廣告如何幫助你，心裡先有個底，然後提出和代理商討論。

(四) 你能負擔多少廣告預算

圖 9-6　投放數位廣告之前，廠商應做好的四項功課

考試及複習題目（簡答題）

一、請列示依據 DMA 組織所做的統計，2019 年度臺灣數位廣告金額總數已達到多少億了？

二、請說明上述金額是否偏高？實務界人士認為一年多少金額才是合理的？

三、請列示臺灣數位廣告量的五大類型為何？

四、請列示臺灣數位廣告量主要流向流到哪九個方向（公司）？

五、請列示數位廣告的主要三種及次要三種計價方法為何？

六、請說明何謂 CPM 法？哪些網路採取 CPM 法廣告計價？FB 廣告 CPM 計價大約多少？

七、請說明何謂 CPC 廣告計價法？目前 Google 聯播網採取 CPC 計價法，其價格大約多少？

八、請說明何謂 CPV 廣告計價法？哪個網站採此法？其 CPV 價格又為多少？

九、請列示網路廣告的主要五種行銷管道為何？

十、請列示數位廣告代理商提供哪些服務內容？

十一、請列示數位廣告代理商的五大選擇重點為何？

十二、請列示在投放數位廣告之前，廠商應先做好的四項功課為何？

Chapter **10**

廣告代言人綜述

10-1　廣告代言人的種類、優點及選擇條件

一、代言人的四個種類來源

廣告代言人有四個種類來源，如下：

(一) 藝人代言人

包括歌手、演員、主持人、明星等均可視為藝人代言人。由藝人出面代言產品廣告是最常見的，也最廣為大家所熟悉，其成效也很顯著。

(二) 推薦代言人

包括醫生、律師、教授、運動選手、名模等均可視為廣告中的推薦代言人。最近幾年來，很多中老年人的保健食品、保養品及藥品等，幾乎都使用醫生做廣告片的推薦人，以加強廣告片的說服力。例如：舒酸定牙膏、普拿疼頭痛藥、肌立貼布、娘家益生菌、維骨力……等幾十個品牌的廣告片，幾乎都用醫生為證言人或推薦人，效果也不錯。

(三) 網紅代言人

由於社群媒體、自媒體、影音平臺等的崛起，近年來也流行運用知名網紅做為廣告代言人。由於這些大網紅或微網紅都有忠心耿耿的粉絲追隨，因此，也成為產品代言人的最佳選擇之一。

這些網紅或 YouTuber 可再分為大網紅（百萬以上粉絲）及微網紅（5~10 萬粉絲），大網紅代言價碼比較高，微網紅比較便宜。比較知名的網紅，包括：蔡阿嘎、HowHow、這群人、阿滴英文、谷阿莫、千千、理科太太……等。

(四) 素人代言人

很多廣告片的主角人物，大都採用來自上班族大眾挑選出來的人物，其中，最有名的就是「全聯先生」。由於受到公司預算限制，很多的電視廣告片無法花費高昂藝人代言費用拍廣告。因此，只好選擇一般上班族做為角色人物。

另外，像大金冷氣機廣告片，也選擇用該公司董事長做廣告人物；波蜜果菜汁也選擇用該公司總經理做廣告人物；這兩個素人代言人的廣告片也都很成功表達出來廣告效果。

🔒🔍 圖 10-1 廣告代言人的四個種類

二、近年來,有成效的藝人代言人

最近幾年來,已經被證明具有代言效果的知名藝人代言人,大致如下:蔡依林、張鈞甯、桂綸鎂、金城武、盧廣仲、蕭敬騰、劉德華、賈靜雯、楊丞琳、林依晨、吳姍儒、Lulu、張孝全、苗可麗、周興哲、柯佳嬿、郭富城、林心如、陳美鳳、白冰冰、吳念真、隋棠、謝震武、林志玲、五月天、王力宏、徐若瑄、吳慷仁、陶晶瑩、田馥甄、Ella、Selina、陳意涵、林俊傑……等。

三、藝人代言人的優點

選定藝人代言人為產品或品牌做廣告宣傳,其具有以下三項優點:

(一) 用藝人做為廣告片中的角色人物,可以對消費者有吸睛效果,也可提高對廣告片的注目度及注意度;也吸引消費者能專心收看此支廣告片。

(二) 用藝人做代言人,可使消費者因對此藝人較有好感,故可移轉此種內在情感到產品上。

(三) 綜合來說,就是比較可以快速拉升對此產品的品牌知名度及品牌好感度。

01 廣告可以創造品牌價值

02 對產品可能會有藝人情感性移轉

03 可有效拉升對品牌好感度及知名度

🔒🔍 圖 10-2 藝人代言人的優點

四、選擇藝人代言人的四條件

藝人代言人,應該如何挑選呢?主要可依據以下四條件:

(一) 具有高知名度及親和力。

(二) 具有良好形象及可信賴度。

(三) 該產品特性應與代言人個人特質相互一致及契合。

(四) 具有正面話題新聞性。

以下是成功選擇藝人代言人的很好案例:

(一) 統一超商 City Café → 選用桂綸鎂代言。

(二) 老協珍 → 選用郭富城及徐若瑄代言。

(三) 日立家電 → 選用五月天代言。

(四) 桂格養氣人蔘雞精 → 選用謝震武代言。

(五) Derek 衛浴 → 選用張鈞甯代言。

(六) 浪琴錶 → 選用林志玲代言。

(七) 分解茶 → 選用柯佳嬿代言。

(八) OPPO 手機 → 選用田馥甄代言。

圖 10-3 選擇藝人代言人的四條件

10-2 代言人的費用及工作內容

一、代言人費用

選擇藝人做廣告片主角或年度代言人,其費用是很高的,如下表所示:

級 別	年度代言費用
(1) 特級藝人	1,000 萬臺幣以上
(2) A+ 級	500~900 萬
(3) A 級	300~500 萬
(4) B 級	100~300 萬

例如：像林志玲、金城武、劉德華、郭富城、王力宏等特級藝人的廣告片拍攝或年度代言人費用，幾乎都在 1,000 萬元以上。當然，能夠找這些特級大咖藝人，必然都是些市場上大品牌商品，才能請得起。

二、年度代言人的工作內容

年度品牌代言人，究竟會做哪些事情呢？大致有如下事項：

(一) 一年度內，應該拍攝多少支電視廣告片 (TVCF)。

(二) 應該拍攝多少組平面照片，以供平面報紙、雜誌、DM 特刊、手提袋及宣傳品之用。

(三) 出席新品上市記者會、新代言人記者會。

(四) 出席活動（例如：一日店長）。

(五) 協助社群網路之宣傳，例如：FB、IG、YouTube、LINE 等貼文、貼圖、製拍短片等。

(六) 其他相關事宜。

01 廣告片 一年內拍攝 2~3 支電視

02 拍攝多組平面照片

03 出席各項記者會、發布會

04 出席一日店長活動

05 協助在社群網站及官方網站之宣傳、露出

06 其他相關事項

🔍 圖 10-4 年度代言人的工作內容

10-3　代言人的合約期間及內容規範

一、代言人的合約期間

　　一般而言，代言人的合約期間都是以一個年度為常見，故稱為「年度品牌代言人」。合約到期後，如果代言人表現良好，對廠商的品牌力拉升及業績成長，都帶來明顯的助益，那麼可以再續簽一年。到目前為止，代言壽命最長的是桂綸鎂為統一超商代言的 City Café，代言期間已長達十多年了。

二、代言的合約內容

　　一般而言，代言合約的條款內容，大致可包括下列幾項：

- 一年代言費用多少？如何支付法？
- 代言期間為多久？
- 代言期間必須做哪些事情？
- 代言廣告片可以播放多久？在哪些地區可以播放？
- 代言有哪些禁止條款？有哪些中止條款？
- 代言如果發生問題或糾紛時，該如何處理？
- 其他事項。

01 一年代言費用多少？如何支付法？

02 代言期間為多久？

03 代言期間必須做哪些事？

04 代言廣告片可播放多久？哪些地區可以播放？

05 有哪些禁止、中止條款？

06 糾紛發生時，該如何處理？

圖 10-5　藝人代言人的合約內容事項

三、代言應避免的事項

找藝人代言時,應注意避免下列兩個事項:

(一) 應該避免消費者在觀看廣告時,只注意到代言人,而忘記或忽略了該產品是什麼,如此,就會成為無效的廣告片。

(二) 應該避免藝人在同一時間內,代言太多支的品牌廣告,會使消費者產生混淆,而記不住哪項產品,這也是無效的廣告片。

01 應避免廣告片宣傳時,只注意到藝人,卻忽略了什麼產品

+

02 藝人代言人應避免同一時間內,代言太多支品牌廣告

圖 10-6　代言人應避免的事項

10-4　藝人代言人如何做數據化效益分析

一、代言人效益分析

對年度品牌代言人的效益分析,主要從兩個角度來分析:

一是從提升品牌力的角度來看待。品牌代言一年之後,應該比較代言之前一年的品牌知名度及好感度,與代言之後那一年相比較,是否有顯著提升;如果有顯著提升品牌力,就代表此藝人代言人有產生正面效益及成果。

二是從成本與效益的數據分析角度切入。亦即,要分析代言總成本與代言效益數據的比較。如下:

01 代言總效益	**02** 代言總成本
・年度營收增加額 　× 毛利率 　＝毛利額淨增加	・代言人費用 　＋廣告宣傳總費用 　＝代言總成本

只要：毛利額淨增加＞代言總成本
→就是值得了！
→總效益＞總成本

舉例：

01 代言總效益	**02** 代言總成本
・年營收額增加 2 億元 　× 毛利率 40% 　＝8,000 萬元	・代言人費用 800 萬元 　＋年度媒體廣宣費用5,000 萬元 　＝5,800 萬元

因：8,000 萬元＞5,800 萬元
故：此次的年度代言人數據效益是正面、值得的！

10-5 近年成功藝人代言案例

✎ 表 10-1 藝人代言廣告：近年成功案例，拉升業績

NO	品牌	代言人	NO	品牌	代言人
1	City Café	桂綸鎂	13	台灣啤酒	蔡依林
2	SK-II	湯唯	14	浪琴錶	林志玲
3	阿瘦	隋棠	15	Derek 衛浴	張鈞甯
4	桂格養氣人蔘	謝震武	16	Uber Eats	林志玲、伍佰
5	桂格大燕麥片	吳念真	17	御茶園	林志玲＋Akira（林志玲的日籍先生）
6	長榮航空	金城武			
7	山葉機車	蔡依林	18	Foodpanda	吳慷仁
8	Adidas	楊丞琳	19	大研生醫魚油	陳美鳳
9	佳麗寶化妝品	江蕙	20	日立家電	五月天
10	象印	陳美鳳	21	TOYOTA SIENTA 汽車	五月天
11	OSIM 天王椅	劉德華	22	老協珍	郭富城、徐若瑄
12	宏嘉騰機車	周杰倫	23	海倫仙度絲	賈靜雯

10-6 近期 64 個品牌代言人記錄

作者最近利用每天晚上看電視節目時間，觀察廣告時段，然後記錄下有品牌代言人的廣告片及產品，如下：

No	產品	代言人	No	產品	代言人
1	三菱空調	林志玲	33	手遊	陳意涵
2	Uber Eats 快送	林志玲、伍佰	34	桂格完膳	白冰冰
3	御茶園	Akira (林志玲先生)	35	斯斯解痛	康康
4	City Café	桂綸鎂	36	安怡奶粉	張鈞甯
5	輝葉按摩椅	徐若瑄	37	澡享沐浴乳	林美秀
6	老協珍	郭富城、徐若瑄	38	OSIM 按摩椅	劉德華

No	產品	代言人	No	產品	代言人
7	富士通冷氣	林心如	39	朵茉麗蔻保養品	苗可麗
8	桂格燕麥飲	吳慷仁	40	亞培安素	任賢齊
9	Derek 衛浴設備	張鈞甯	41	富士按摩椅	林依晨
10	VIVO 手機	張鈞甯	42	TOKUYO 按摩椅	楊丞琳
11	日立家電	五月天	43	黑人牙膏	張鈞甯
12	中華電信 5G	五月天	44	手遊	瘦子
13	Crest 牙膏	蔡依林	45	娘家滴雞精	白家綺
14	海倫仙度絲洗髮精	賈靜雯	46	富士按摩椅	陶晶瑩
15	黑人牙膏	盧廣仲	47	和泰汽車 SIENTA	五月天
16	OPPO 手機	蕭敬騰	48	屈臣氏	曾之喬
17	桂格人蔘雞精	謝震武	49	維骨力	吳念真
18	Uber Eats 外送	蔡依林、林美秀	50	撒隆巴斯	楊丞琳
19	全聯超市	全聯先生	51	FoodPanda 外送	吳慷仁
20	天地合補官燕窩	Selina	52	小林眼鏡	吳慷仁
21	得意的一天橄欖油	隋棠	53	補體素保健品	陳美鳳
22	原萃綠茶	阿部寬	54	京城之霜	牛爾老師
23	專科保養品	許瑋甯	55	華陀扶元堂	陳美鳳
24	普拿疼	醫生素人	56	三得利	謝祖武
25	橘子工坊	吳慷仁	57	葡萄王生技	天心
26	挺立	醫生素人	58	大洋生醫魚油	陳美鳳
27	保力達	吳念真	59	雅聞保養品	蕭敬騰
28	高露潔牙膏	張孝全	60	海昌眼鏡	蔡依林
29	蘇菲衛生棉	陳芳語	61	五洲製藥	曾國城
30	馬玉山燕麥片	賴雅妍	62	艾美諾保養品	方馨
31	挺立	包偉銘	63	舒酸定牙膏	江振誠主廚
32	566 洗髮乳	于子育	64	福特汽車	張鈞甯

（資料來源：作者本人看電視記錄）

考試及複習題目（簡答題）

一、請列示品牌代言人的四個種類來源？

二、請列示藝人代言的三項優點為何？

三、請列示選擇適當藝人代言人的四項條件為何？

四、請列示藝人代言人區分為四個等級的年度代言費用是多少？

五、請列出藝人年度代言人應該做哪些事情？

六、請列出藝人代言人合約應注意內容事項有哪些？

七、請列示藝人代言人應避免的事項。

八、請列出藝人代言人如何做數據化的效益分析？

Chapter **11**

大型廣告企劃案
撰寫內容

11-1　廣告（行銷）企劃案撰寫內容分析

　　本節將要介紹一個完整的「行銷（廣告）企劃案」撰寫內容說明。這是一個完整的架構，涵蓋領域非常廣，也是一個完整的企劃案。但是在實務上，不一定需要寫這麼完整的內容與項目。因為在企業實務上，每天都有新的狀況出現，或是有新的作為，或是一些連續性、常態規律化的行動，未必每次都需提出如此完整的企劃案。

　　本章所要介紹的企劃案，比較適合下列三種狀況：

　　第一：廣告公司為爭取年度大型廣告客戶，所提出的完整比稿案或企劃案。

　　第二：公司計畫新上市某項重要年度產品，所提出的年度行銷企劃案。

　　第三：公司轉向新行業或新市場經營，正計畫全面推展。

　　本章所介紹的行銷（廣告）企劃案，應該算是在行銷領域的一個基本重要的根本企劃案。其他較零散的企劃案也是從本案中，再抽出獨立撰寫。以下將開始介紹本企劃案撰寫的重要綱要項目。

一、導言

　　本案的目的與目標。

二、行銷市場環境分析

(一) 市場分析 (Market Situation)

　　1. 市場規模 (Market Size) 及其成長率多少。

　　2. 重要品牌占有率 (Market Share of Major Brand) 多少。

　　3. 價格結構 (Price) 及比較多少。

　　4. 通路結構 (Channel) 及上架狀況分析。

　　5. 推廣 (Promotion) 主力作法及廣告預算多少。

　　6. 商品生命週期 (Product Life Cycle) 分析及對策分析。

　　7. 進入障礙分析 (Entry Barrier)。

　　8. 售後服務作法分析。

　　9. 新產品推陳出新分析。

　　10. 消費者需求與期待分析。

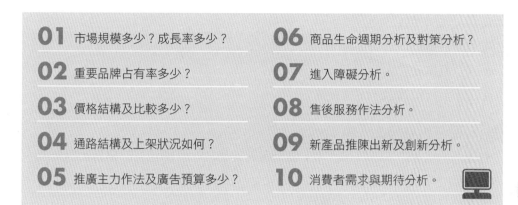

圖 11-1　市場分析的主要內容

(二) 競爭者分析 (Major Competitors)

1. 競爭品牌產品特色分析及差異化分析。

2. 競爭品牌產品價格分析及業績分析。

3. 競爭品牌通路分布分析。

4. 競爭品牌目標市場區隔分析。

5. 競爭品牌定位分析。

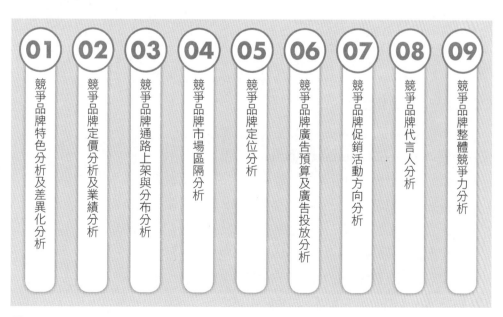

01 競爭品牌特色分析及差異化分析

02 競爭品牌定價分析及業績分析

03 競爭品牌通路上架與分布分析

04 競爭品牌市場區隔分析

05 競爭品牌定位分析

06 競爭品牌廣告預算及廣告投放分析

07 競爭品牌促銷活動方向分析

08 競爭品牌代言人分析

09 競爭品牌整體競爭力分析

圖 11-2　市場競爭者分析

6. 競爭品牌廣告活動分析。

7. 競爭品牌販促活動分析。

8. 競爭品牌代言人分析。

9. 競爭品牌整體競爭力分析。

(三) 商品分析 (Product Analysis)

1. 商品的包裝方式、規格大小、各種包裝的售價、各種包裝的銷售比例分析。

2. 商品的特色與賣點。

3. 各商品的行銷區域及上市時期。

4. 各商品的季節性銷售狀況。

5. 各商品在不同通路的銷售比例。

商品的包裝方式、規格大小、售價及銷售占比。

各商品的行銷區域及上市時期。

各商品在不同通路的銷售占比。

各商品的特色與賣點分析。

各商品的季節性銷售狀況。

圖 11-3　商品分析

(四) 消費者分析 (Consumers Analysis)

1. 重要的使用者與購買者是誰？是否為同一人？購買總數量？

2. 消費者在購買時，會受到哪些因素影響？購買重要動機為何？

3. 消費者在什麼時候買？經常在哪些地點買？或時間、地點均不定？

4. 消費者對商品的要求條件，重要的有哪些？

5. 消費者每天、每週、每月或每年的使用次數？使用量？

6. 消費者大多經由哪些管道得知商品訊息？

7. 消費者對此類商品的品牌忠誠度程度如何？很高或很低？

8. 消費者對此類商品的價格敏感度高低如何？對品牌敏感度高低如何？對販促敏感度高低如何？對廣告吸引力敏感度高低如何？

9. 不同的消費者是否有不同包裝容量的需求？

01
使用者與購買者是誰？購買數量多少？

02
消費者購買動機為何？受哪些購買因素影響？

03
消費者在哪些地點買？何時會買？

04
消費者對商品特色的要求為何？

05
消費者每天、每月、每年的使用次數及使用量多少？

06
消費者由哪些管道知悉此商品訊息？

07
消費者對此品牌忠誠度程度如何？

08
消費者對此商品的價格敏感度高低如何？

09
消費者對此廣告吸引力高低如何？

圖 11-4 消費者分析

三、定位：產品現況定位 (Positioning)

1. 市場對象：什麼人買？什麼人用？

2. 廣告訴求對象：賣給什麼人？

3. 產品的印象及所要塑造的個性。

4. 定位就是產品的位置，究竟站在哪裡？您要選好、站好、永遠站穩，讓消費者很清楚。

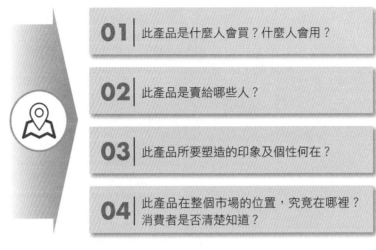

圖 11-5 產品（品牌）定位

四、問題點及機會點 (Problem & Opportunity)

1. 問題點分析與克服。
2. 機會點分析與掌握。

五、行銷計畫 (Marketing Plan)

1. 行銷目標 (Marketing Goal)、目的與任務。
2. 定位 (Positioning)。
3. 目標市場（對象）(Target, TA, Target Audience)。
4. 產品特色與獨特賣點 (USP, Unique Sales Point)。
5. 行銷地區布局。
6. 銷售地區布局。
7. 定價策略。

8. 推廣宣傳策略。

9. 服務策略與計畫。

10. 上市時間點。

11. 重要時程表。

01
行銷目標、目的與任務。

02
定位。

03
目標銷售對象。

04
產品特色與獨家賣點。

05
行銷通路布局。

06
銷售地區布局。

07
定價策略。

08
推廣宣傳策略與計畫。

09
服務策略與計畫。

10
新產品上市時間點。

11
重要時程表。

🔒🔍 圖 11-6　整體行銷計畫

六、廣告計畫 (Advertising Plan)

1. 廣告目標 (Advertising Goal) 與任務。

2. 廣告訴求對象 (Target Audience, TA)。

3. 消費利益點與支持點何在。

4. 廣告呈現格調 (Tone) 與調性、人物、背景、視覺要求。

5. 創意構想與執行。

6. 廣告效果的事後評估及必要調整。

7. 廣告是否需要用藝人代言？建議用哪一位？為什麼？

8. 廣告預算多少？未來三年的廣告預算多少？是否足夠？

01 廣告目標與任務何在。

02 廣告的對象 (TA) 是哪些人。

08 廣告效果的事後評估及必要調整。

07 廣告預算未來三年要多少？是否足夠？

03 廣告的訴求點、及對消費者的利益點與支持點何在。

06 廣告是否需要用藝人代言？建議用哪一位？為什麼？

05 廣告創意與執行。

04 廣告呈現調性、背景、視覺要求有哪些。

圖 11-7　廣告計畫

七、媒體計畫 (Media Plan)

1. 媒體目標與任務。
2. 媒體預算多少。
3. 媒體分配在哪些傳統媒體及數位媒體上。
4. 媒體實施期間分配（一年內分配時間點）。
5. 媒體公關（記者、編輯）與報導露出。
6. 財經媒體專訪計畫。
7. 媒體效益事前預估及事後評價。
8. 媒體呈現的創意計畫。

01 媒體目標與任務。	**02** 媒體預算多少。	**03** 媒體分配在傳統及數位媒體之比例。	**04** 媒體廣告露出時間分配計畫。
05 公關報導計畫。	**06** 財經媒體專訪計畫。	**07** 媒體呈現創意計畫。	**08** 媒體效益事前預期與事後評價。

 圖 11-8　媒體計畫

八、促銷活動計畫

1. 促銷活動目標。
2. 促銷活動的策略與誘因。
3. 促銷活動的執行方案內容。
4. 促銷活動時間表。

01 促銷活動目標。　**02** 促銷活動策略與誘因。　**03** 促銷執行方案內容。　**04** 促銷活動時間表。

 圖 11-9　促銷活動計畫

九、事件行銷與直效行銷計畫

1. 事件行銷 (Event Marketing) 計畫重點。
2. 直效行銷 (Direct Marketing) 計畫重點。

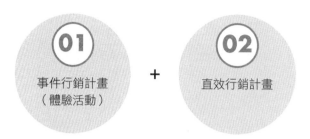

十、工作進度表（略）

十一、總行銷預算表

1. 廣告預算。
2. 販促預算。
3. 媒體公關預算。
4. 事件行銷預算。
5. 直效行銷預算。
6. 記者會、發表會預算。
7. 藝人代言人預算。
8. 其他預算。

圖 11-10　總行銷預算表

Chapter 12

廣告公司
組織表概述

12-1　廣告公司組織表

一、中小型廣告公司組織表（之一）

中小型廣告公司組織表比較簡單一點，主要是力求降低人力成本，其組織架構大致如下：

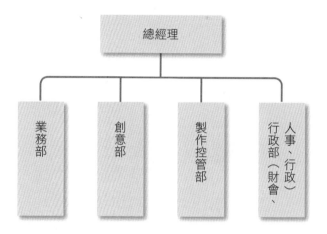

二、大型廣告公司組織表（之二）

大型廣告公司組織表就比較完整一些，因為它的大客戶比較多，要求也比較高；其組織架構大致如下：

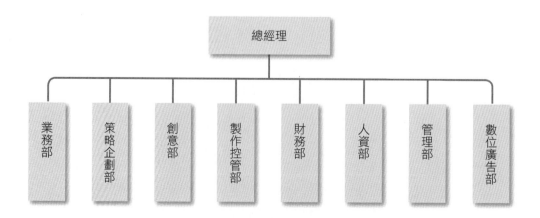

三、完整廣告公司組織表（之三）

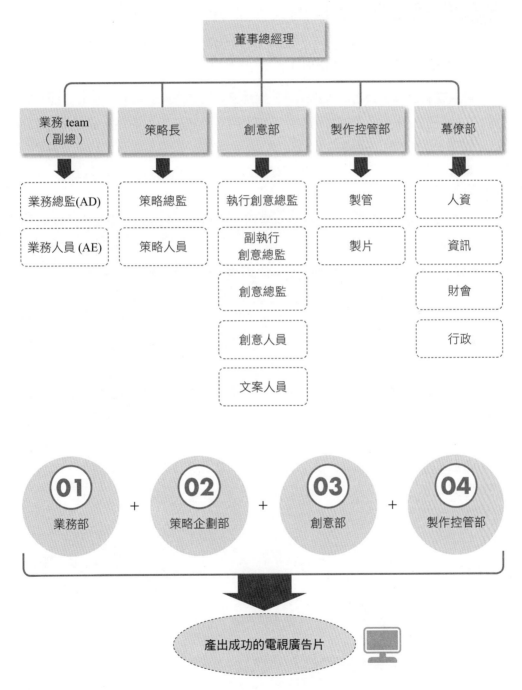

图 12-1 成功電視廣告片，須仰賴廣告公司四大部門的通力合作

12-2 廣告公司各部門工作簡介

一、業務部門 (Account Dept)

　　廣告業務是廣告公司的火車頭，任何專案都必須由業務發起，並且是面對客戶的單一部門，市調／策略、創意、製作部門、外包廠商，都必須透過或由業務陪同向客戶說明或一同開會；也就是說，一個專案從出生、成長到結束，業務必須像父母照顧小孩一般，亦步亦趨，盡全力讓專案開花結果，以及每位同仁都滿意開心。

　　我們會把業務部門的同仁稱為：業務、Account People，職位有 AE（執行）、AM（經理）、AD（總監）。廣告公司的業務，跟其他產業以追求業績數字跟客戶成交率為目標的業務人員並不相同，並不會以業績為導向。

　　廣告業務部門的三大工作範疇：

(一) 客戶服務：傾聽客戶的需求、了解客戶的難處，絕對不是一個口令、一個動作，而是以自身的廣告專業，為客戶設想最好的方案，更必須隨時平衡客戶以及公司內部的不同需（要）求。

(二) 企劃提案：廣告業務通常都是身兼企劃人員（會帶領提案會議，負責提案簡報的製作）。在某些公司會合一稱為「業務企劃人員」。業務必須與客戶進行前端行銷討論、傳播訴求、策略的提出、整合行銷推廣企劃，並且協助創意進行提案，因此也有不少廣告業務，最後會被挖去客戶端當行銷人員。

(三) 專案執行：控制好時間、費用、創意品質、客戶需求，任何一點都必須在專案過程中兼顧，不得在執行過程中有任何閃失！

01 廣告主客戶服務、接洽、聯絡　　**02** 企劃提案　　**03** 專案執行

圖 12-2　廣告公司業務部門的三大工作

二、市場調查部門 (Market Research Dept)

客戶的行銷簡報，常常伴隨著大量的市調資料、動輒百頁的 PPT 檔案，大量的統計數字，光是消化分析，就會花上好幾個小時，甚至好幾天。此時就非常需要市調部門的專業協助。另外，各種二手資料的蒐集、或以舉辦小型消費者市調、焦點團體討論 (Focus Group Discussion)……等，各種質或量化調查，來蒐集第一手資料，都是判斷及建議行銷策略的必須內容。

現在還會使用像 Oracle 社群監聽 (Social Listening) 這類的工具，來蒐集網路上的輿論資料，每週（或每天）觀看系統自動發出的報表，以減少人工作業。

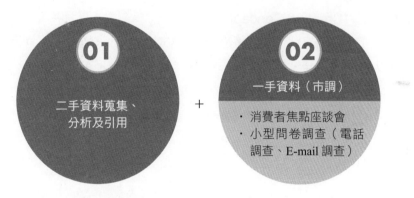

🔒 圖 12-3　廣告公司在提案過程中的簡易市調方法

三、策略企劃 (Strategic-Planner)

如果再分工細一點，行銷策略會是由策略企劃人員 (Planner) 主導負責，以提供客戶專業建議。

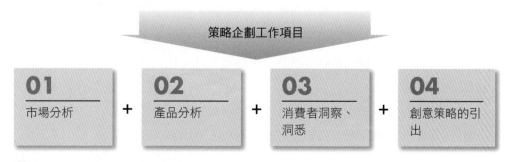

🔒 圖 12-4　廣告公司策略企劃人員的四大工作

四、創意部門 (Creative Dept)：把行銷策略轉換成消費者看得懂又想買單的內容

並不是從接到任務之後的一開始，就要寫文案或打開 Photoshop，而是要先討論出一個溝通策略。當從策略反覆推演後，會慢慢發現，當向消費者傳達某一種訴求或訊息時 (What to say)，有可能會影響或打動消費者，讓他們有所行動。

而如何傳達 (How to say) 則是創意部門肩負的責任。可以從「創意概念」、「文案」以及「視覺」三方面，去解構任何一種廣告（呈現），這也恰恰就是創意部門的核心價值。

(一) 創意概念 (Creative Concept)

概念，是創意的起點，就是將冷硬的產品或傳播訴求，轉換成消費者語言。就像人與人之間的對話，你要溝通一件事，說得太直接，有時會造成反效果，說得漂亮，才有可能超越預期。像是威而剛的產品訴求，實在是難以直接說個明白，但如果轉換概念變成「男子漢就該抬起頭」或是「男人都渴望自由飛翔的能力」，在創意上就有無限種可能，來清楚傳達訴求。等這份概念明確之後，才會開始想文案跟視覺，文案跟視覺也不會脫離這個概念。

(二) 視覺 (Visual)

廣告是帶點藝術的商業行為，在視覺是十分講究美感的。如何第一眼就吸引住消費者目光，就得仰賴創意的功力。每個元素的編排組合都是非常重要，哪怕只是多一個字或少一個字，都會對視覺造成影響。所以千萬不要跟創意說「只是改一個小地方很簡單」，事實上，那一點都不簡單！

(三) 文案 (Copy)

文字要怎麼說得簡單，說得清楚，說得動聽，就是文案的辛苦之處。必須轉化產品或傳播訴求，成為簡短消費者語言，並且讓它朗朗上口。畢竟消費大眾接觸一則廣告的時間都是以秒計算。若文字無法說進心坎裡，再厲害的視覺，也無法完整表達訴求。

在廣告公司裡，並不會有一個人專門負責去發想「創意概念」。通常是由整個團隊一起動腦，但視覺跟文案會有獨立職位，簡稱為 Art 與 Copy。

01 創意概念及創意腳本提出

02 視覺畫面定調

03 文案確定

🔍 圖 12-5　廣告公司創意部門的三大工作

(四) 創意部門職稱與職務

下面將介紹在創意部門的幾位主管級名稱，包括：

・ECD (Executive Creative Director)，中文稱為「執行創意總監」。

・CD (Creative Director)，中文稱為「創意總監」。

・GCD (Group Creative Director)，中文稱為「群創意總監」。

・AD (Art Director)，中文稱為「藝術總監」。

・CW (Copy Writer)，中文稱為「文案指導」。

茲詳述如下：

1. ECD 是廣告公司中審視創意作品的最高者，雖然是在 MD 之下，因為創意部門是廣告公司最大的資產，所以 MD 對 ECD 的態度是非常尊重的，而現在有些廣告公司會讓 ECD 升職為「創意長」，差別在於創意長是集團職，是管理集團下所有廣告公司的創意，而 ECD 只要負責一間廣告公司就好，實際上二者的工作內容並沒有太大的分別，ECD 最主要的工作就是在底下各創意團隊需要想法時，就他過去的個人經驗與思考方式，去引導創意團隊們找到新的方向及做出特別的創意表現；另一個工作就是協助公司去參加國內外各種創意比賽，增加公司得獎的資歷。

2. GCD 與 CD：理論上會管理二～三個創意 Team，但現在廣告公司的創意 Team 不像過去有這麼多支，所以現在 GCD 是給資深創意總監一個身分上的肯定而已；而 CD 就是我們最常聽到的「創意總監」，為什麼 CD 這個位置這麼重要、這麼受客戶與公司管理者看重呢？因為 CD 在第一線主導 Idea 產出與落地執行的管理者，要能夠在創意滿天飛的 Idea 中找到最符合此次溝通策略、又能引起消費者注意的廣告表現手法，就要靠 CD 的功力了！

CD 的基本能力分為二種：Art Base 跟 Copy Base，所有的 CD 都是從美術 (Art) 或文案 (Copy) 出身的，但是 Idea 的表現一定是視覺加上文案，所以一個 CD 是需要把二種能力融會貫通，才能帶領團隊執行出一個好的 Idea；不要以為 CD 真的跟電影上看的一樣，穿的奇形怪狀、講話態度奇差無比、不用做任何 PPT，只要嘴巴上說一說就好，其實在提案的會議上，CD 會拿出他改過不知多少次的 PPT，把內容唱作俱佳的說到讓客戶買單這個 Idea、還要逗客戶開心拍馬屁；所以一個真正的 CD 把 Idea 成功賣出視為目標與職責，而不是在那邊大喊「你不尊重我的創意」，然後跟 Account 及客戶吵架；而現在 CD 們會面臨的挑戰是客戶需要包含了數位或純數位操作的 Idea，因為數位平臺這十年成長太快，所以對 CD 來說，因為不熟悉網路的平臺可用的工具，及消費者上網後 Insight 的轉變，所以在產出 Idea 時就會在數位的操作上卡卡的，但在視覺美感及文字精鍊上，還是可以感受到。

3. AD：負責完成視覺創意的就是他們，這包含了海報設計完稿、影片腳本分鏡、產品代言人拍照畫面規劃……等，而 AAD 就是副藝術指導，很多時候，我們都直接稱他們為 Art，請不要隨便亂叫什麼美術、美工、設計……這些職稱，因為實際上工作內容是不相同的。

4. CW：其實在名片上，還是會印上「文案指導」這類的抬頭，但幾乎不會有人這樣稱呼，所以還是用 Copy 來稱呼最親切了；一個好的 Copy 是可以用十種不同的角度與語氣，來形容一件事或商品，Copy 需要有能了解 Account 企劃的商務能力，也要有對文字創意感性的創造力，才能寫下打動人心的名句，為品牌創造長久的形象，也才能顯示 Copy 的功力與創意的價值。

五、製管部門 (Traffic Dept)

顧名思義是「各種製作內容的管理」，只要是製作上跟廣告素材相關的，都是由製管部門負責，主要的工作內容是：

(一) 對外聯繫廠商

舉凡攝影師、電腦修圖、經紀公司、化妝造型師、印刷廠、禮品商、甚至裝潢展覽需要的木工團隊、壓克力公司、輸出公司……等。只要有這些執行製作需求，製管都會幫忙聯絡、協調以及處理各種相關事務。

(二) 估價與挑選廠商

　　既然是對外廠商窗口，相關執行費用的估價單跟協力廠商名冊，也是由製管產出，再由業務向客戶提案確認。廣告公司並不會假裝每一件事情都是自己做的，也沒有需要隱瞞，因為採用專業的協力單位，協調控管得好，是廣告公司對客戶提高作業品質的保證之一。

(三) 對內流程安排，掌控工作

　　以往的製管，還必須要負責掌控創意部門的負荷量，協助分配跟調整創意團隊的工作。並協助業務去做流程跟專案的時間掌控。

(四) 完稿

　　由於客戶的廣告平面媒體可能有各種的尺寸，創意人員若需要做不同尺寸的調整，可能就會耗掉太多時間，因此通常製管部門下會有完稿人員，由完稿人員協助製作不同尺寸的平面廣告。例如：報紙、雜誌，又或是通路宣傳物。但現在很多廣告公司會把這項工作交給負責純製作的部門，或由內部創意人員、外包廠商完成。

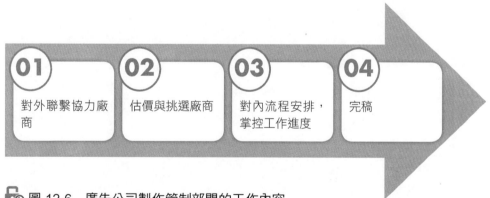

圖 12-6　廣告公司製作管制部門的工作內容

六、製片部門 (Producer Dept)

　　若與影片廣告相關的，則是由製片部門負責，主要工作就是對應影片製作公司並負責起對內及對外的協調、時間的掌控以及客戶估價單的產出。當影片的創意腳本確認後，製片會先找到合適的製作公司，展開一連串工作流程：

(一) **導演建議**：廣告導演須有特色以及專長，當然還有檔期及價格問題，要滿足創意腳本的調性與風格，為廣告影片加分，導演絕對是靈魂人物，而挑選導演都是從導演過往的作品集篩選出合適的導演。

(二) **分鏡腳本**：選定導演後，業務與創意人員會向導演解釋一遍整個廣告影片的背景、主要的訊息、表現的形式與重點……等。導演會再重新解讀，並與製作團隊討論後、提出確切的分鏡腳本，也就是實際拍攝的每一個鏡頭，以平面圖象的方式與客戶確認。

(三) **製作前準備會議 (Pre-Production Meeting, PPM)**：通常最少會安排兩次PPM 會議，舉凡分鏡腳本、拍攝形式參考、場景、服裝造型、演員選角、光影、風格……等，都會在會議上確認。通常第一次是確認發展方向，第二次則是確認實際內容。

(四) **定裝**：演員確認後，會在拍攝前，確認最後服裝造型。

(五) **實際拍攝日**。

(六) **A Copy**：根據拍攝的內容及腳本進行剪接，此時不會有任何特效，主要是來確認每個鏡頭與演繹的流程是否符合需求。

(七) **B Copy**：根據 A Copy 來調整所有畫面，除了聲音外，已全部完成。

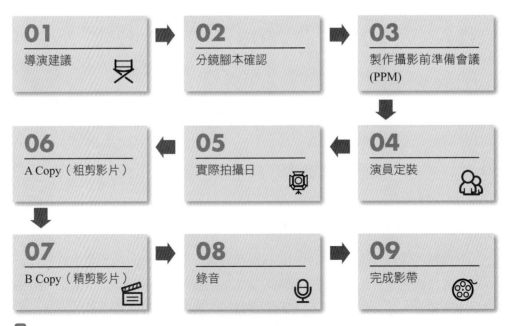

🔍 圖 12-7　大型廣告公司製片部門的工作內容

(八) **錄音**：通常在 A 或 B Copy 時，會提出錄音人選及背景音樂供客戶確認，並在確認 B copy 後，正式執行錄音，通常客戶會到場確認，並視為正式完成交片。

(九) **播帶／影片檔**：完成之後，以往會因應播放媒體平臺的需求，提供對應的播帶或不同影片格式的檔案，專案就此宣告結束。

12-3　廣告公司各部門的職稱介紹

對一個中大型、完整的廣告公司來說，其各部門的各種階層的職稱，如下述：

一、業務部（或稱客戶服務部）

(一) 群業務總監 (Group Account Director, 簡稱 GAD)。

(二) 業務總監 (Account Director, 簡稱 AD)。

(三) 業務經理 (Account Manager, 簡稱 AM)。

(四) 業務人員 (Account Executive, 簡稱 AE)。

　　（註：業務部門就是專門負責與廣告客戶接洽、聯絡、協調、溝通、開會、執行、提案等負責單位。）

二、策略企劃部 (Strategic Planning)

(一) 策略企劃總監 (Planning Director)。

(二) 策略長 (Chief Strategy Officer)。

　　（註一：策略企劃部主要負責客戶端、市調及行銷等策略及企劃事宜。）

　　（註二：策略企劃部必須是在中型或大型的廣告公司或廣告集團才會有些編制。小型廣告公司是沒有的，此功能就由業務 AE 人員來兼任。）

三、創意部門

(一) 首席創意總監 (Chief Creative Officer, 簡稱 CCO；有時也稱為創意長)。

(二) 執行創意總監 (Executive Creative Director, 簡稱 ECD)。

(三) 創意總監 (Creative Director, CD)。

(四) 美術指導 (Art Director, AD)。

(五) 文案指導 (Copy Director)。

(六) 文案人員 (Copy Writer, CW)。

　　（註：創意部門是廣告公司的最核心、最主力部門，也是最重要部門，此部門若能力不足，廣告公司就很難經營；廣告客戶看的也是這個部門強不強。）

四、製作流程管控部門

(一) Traffic Coordinator，稱為平面、影片製作流程管控協調人員。

(二) Traffic Manager，稱為流程管控經理。

五、影視及平面製作部門

(一) 製作經理 (Production Manager)。

(二) 助理製作人員 (Assistant Producer)。

六、行政管理部門

(一) 董事總經理 (Managing Director, MD)。

(二) 總經理 (General Manager, GM)。

(三) 人力資源經理。

(四) 財務經理。

(五) 資訊經理。

(六) 行政總務經理。

12-4 廣告公司AE業務人員必須充分了解客戶端

　　做為一個成功的廣告 AE 人員，必須了解廣告主的公司狀況，這包括以下幾點：

(一) 要觀察及了解廣告主客戶的產品、客戶所在領域，有哪些銷售通路、有哪些產品、哪些目標顧客群、銷售狀況等。

(二) 要得知客戶有什麼困難或難題需要解決，過去的問題點在哪裡，該如何協助客戶解決問題。

(三) 要詳細了解客戶過去的行銷廣告案例，包括預算多少、媒體投入概況、廣告成效、是否有代言人等。

01 | 必須充分了解客戶端的產品、市場、競爭對手、目標消費客群、銷售狀況等

02 | 必須充分了解客戶端目前有何困難點、及此次廣告的目的、任務為何

03 | 必須充分了解客戶端過去做了哪些廣告片及媒體投放、投放成效及問題點

🔍 圖 12-8　廣告公司 AE 業務人員必須充分了解客戶端的三大領域

12-5 廣告 AE 人員的工作及任務

　　許子謙先生曾在廣告公司擔任資深 AE 人員，並有廣告公司多年累積經驗，他在網路曾有一篇文章提到對廣告 AE 人員的工作描述及其任務為何，茲摘述如下重點：

一、我心目中的好 AE

　　應與客戶保持緊密聯絡，整個專案能否順利執行，往往在於隨時的聯繫，以及與客戶協力廠商三方面建立友善的關係。

(一) AE 應首要確保時間進度和預算掌控能一切順利。

(二) AE 應了解客戶的歷史、品牌精神與商品特色。

(三) AE 應對客戶曾經有過的廣告策略瞭若指掌（競品和相似產品最好也能）。

二、廣告 AE 的工作描述

(一) 管理廣告客戶的廣告任務或綜合服務，作為客戶與公司之間的溝通橋梁。

(二) 負責聯絡客戶與其他單位的工作人員，並協調進行廣告活動。

(三) 同時處理多達四至六位客戶，面對較大的客戶，一位 AE 可能只負責一個或兩個大型客戶。

三、廣告 AE 的一般任務—1

(一) 安排會議／客戶聯繫。

(二) 與客戶討論，確定廣告的規格內容（時間、預算、工作範圍），亦即 Brief。

(三) 與內部同事（通常是創意部），設計出一套能滿足廣告客戶的提案和預算。

(四) 進行提案＋簡報。與（客戶經理＋創意部）一起擬定廣告計畫，滿足客戶端的想法和預算。

(五) 協助客戶制定行銷策略，通常是以季、年或某一個時間波段為單位。

(六) 提出廣告創意，讓客戶批准或修改。

四、廣告 AE 的一般任務—2

(一) 承擔專案管理角色任務，確保專案能夠完整順利的落實。

(二) 收款及付款。

(三) 監測廣告的成效，按時提出數據報告和建議（也應給予結案報告）。

(四) 與媒體端、協力廠商、製作公司保持接觸、以確保有效的訊息流動。

(五) 讓內部工作人員得到客戶與 Brief 的詳細資料。

(六) 創造業務機會 (Pitch)，以爭取新業務的機會。

(七) 創造業務工具 (Sales Kit)，增加業務提案時的成功率。

(八) 將制式老舊的公司簡介進行修改優化，也是廣告 AE 的任務之一。

考試及複習題目（簡答題）

一、請列示成功電視廣告片，須仰賴廣告公司哪四大部門的通力合作？

二、請列示廣告公司在為客戶提案過程中，蒐集資料的兩種來源為何？

三、請列示廣告公司策略企劃部的四大工作內容為何？

四、請列示廣告公司創意部門的三大工作為何？

五、請列示 ECD 人員的中文職稱為何？

六、請列示何謂 PPM 之中英文為何？

七、請列示 AE 人員的中文職稱為何？

八、請列示廣告公司 AE 業務人員必須充分了解客戶端哪三大領域的事情？

Chapter **13**

廣告公司經營哲學
與運作流程

13-1 第一名廣告公司李奧貝納的成功經營哲學

臺灣長期位居廣告業業績第一名的李奧貝納廣告公司成功經營法則，其臺灣區執行長黃麗燕表示如下幾點：

(一) 堅守五贏哲學：員工贏、公司贏、消費者贏、客戶公司贏、客戶個人贏，即在這五個面向的關係人都能獲勝成功，大家皆大歡喜。

(二) 要協助廣告主（客戶）達成營運目標，並成為客戶端唯一且最重要的行銷夥伴。黃麗燕執行長表示，客戶公司的最後業績能夠成長且達成成功目標，這才算是成功的廣告公司，客戶業績不好，就是失敗的廣告公司。

(三) 李奧貝納一心一意只想達成客戶的目標，而不是得到廣告大獎。她說，海尼根啤酒品牌在 2001 年時市占率只有 5%，但李奧貝納成為代理商之後，市占率一路成長，目前已達 15%。

(四) 黃執行長要團隊永遠跑在客戶前面，並做為客戶行銷部門的延伸。

(五) 李奧貝納不只主觀了解客戶目標，還能保持對客戶市場的客觀性。

(六) 黃執行長認為未來的廣告行銷一定是「One Team」（一個團隊）作業，而且為客戶提供全方位的解決方案。客戶來到李奧貝納，不用擔心數位找誰？公關找誰？活動找誰？而是全包！沒問題！

(七) 黃執行長表示，李奧貝納專注創意之外，亦更重視執行力。她認為：能為客戶公司賺錢的廣告創意，才是最好的創意。

(八) 只要客戶成為市場上的領導品牌，李奧貝納也才能躍升為廣告業界的領導品牌。

01 堅守五贏哲學！

02 協助廣告客戶達成營運目標，並成為重要行銷夥伴！

03 一心一意只想達成客戶訂定的業績目標及品牌目標！

04 要永遠跑在客戶前面，並做客戶行銷部門的延伸！

05 要了解客戶目標，並保持對客戶市場的客觀性！

06 成立一個 One Team 團隊為客戶提供全方位解決方案！

07 專注創意並重視執行力！

08 達成客戶成為市場上的領導品牌！

🔍 圖 13-1　李奧貝納廣告公司經營成功的八大法則

13-2 智威湯遜廣告公司的廣告運作全方位概述

國內知名的外商廣告公司智威湯遜 (J.W.T.)，它有其一套固定的廣告公司運作流程，茲重點摘述如下要點項目，提供為了解究竟一家外商廣告公司，在運作流程上，應注意到哪些市場、行銷、客戶、產品及競爭對手等之分析事項：

一、廣告活動計畫循環表

(一) 我們在哪裡？(Where are we?)

1. 考量社會及經濟因素 (Social and economic factors)。

2. 考量整個市場狀況 (The market)。

3. 考量市場本身 (The market itself)。

4. 考量市場上的產品狀況 (Product in the market)。

5. 考量市場上的人 (People in the market)。

6. 考量競爭性定位 (Competitive positioning)。

7. 考量公司政策 (Company policy)。

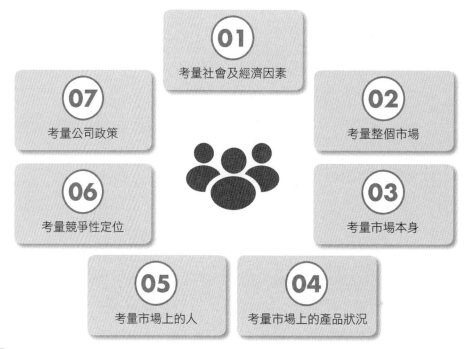

圖 13-2　我們在哪裡？

(二) 我們為什麼在這裡？(Why are we here?)

1. 對過去的品牌及競爭性廣告分析 (Past Brand and Competitive Advertising Analysis)。
2. 對產品的描述及評估 (Product Description Evaluation)。
3. 對消費者的態度及感覺分析 (The Consumer: Attitude and Perception)。
4. 對影響品牌銷售的因素 (Factor Affecting Brand Sales)。

01 對過去的品牌及競爭性廣告分析	02 對產品的描述及評估	03 對消費者的態度及感覺	04 對影響品牌銷售的因素

圖 13-3　我們為什麼在這裡？

(三) 我們要到哪裡去？(Where could we be?)

1. 品牌目標 (Brand Objective)
   • 行銷投資 (Marketing Investment)

・產品機會 (Product Chance)

・市占率預估 (Market Share Projection)

・使用者變化 (User Change)

・用法的變化 (Usage Change)

2. 品牌定位 (Brand Positioning)

3. 品牌策略 (Brand Strategy)

圖 13-4　我們要到哪裡去？

(四) 我們如何到那裡？(How do we get there?)

1. 創意簡述 (Summary of Creative Brief)。

2. 創意建議 (Creative Proposal)。

3. 媒體建議 (Media Proposal)。

4. 市調建議 (Research Proposal)。

圖 13-5　我們如何到那裡？

(五) 我們正在去那裡嗎？(Are we getting there?)

廣告活動六個月後檢討下列問題。

1. 檢討查核的建議日期 (Proposed Date of Review)。

2. 與預計目標相比較實際的銷售成績 (Actual sales performance and target)。

3. 消費者研究評估 (Consumer research evaluation)。

01
檢討查核的建議日期

02
與預計目標相比較實際的銷售成績

03
消費者研究評估

🔒 圖 13-6　我們正在去那裡嗎？

二、智威湯遜的品牌策略表

(一) 我們在哪裡？(Where are we?)

(二) 什麼可以幫助我們到達目的？(What will help us get there?)

三、智威湯遜的創意策略表

(一) 廣告必須面對的機會或問題是什麼？

(二) 廣告後，我們要讓人們想做什麼？

01	廣告必須面對的機會或問題是什麼？
02	廣告後，我們要讓人們想做什麼？
03	我們要跟誰說話？
04	從廣告中，我們想得到什麼反應？
05	什麼樣的資訊及特性有助於產生這種反應？
06	廣告應表達品牌個性中的哪些方面？
07	有媒體或預算的考慮嗎？
08	廣告還有其他方面的幫助嗎？

🔒 圖 13-7　智威湯遜的創意策略表

(三) 我們要跟誰說？(Who are we talking to?)

(四) 從廣告中我們想得到什麼反應？

(五) 什麼樣的資訊及特性有助於產生這種反應？

(六) 廣告應表達品牌個性中的哪些方面？

(七) 有媒體或預算的考慮嗎？

(八) 廣告還有其他方面的幫助嗎？

13-3 選擇優良廣告公司代理商的六項要件

廣告主（廠商）如何選擇優良廣告代理商，應要考慮下列六項要件：

(一) 肯花時間與客戶詳細討論。

(二) 安排合理人力服務單一客戶。

(三) 妥善擬定企業未來行銷策略。

(四) 僱用資深行銷人員服務客戶。

(五) 多年行銷經驗與成功案例。

(六) 創造客戶獲利為主要目標。

01 肯花時間與客戶詳細討論。

02 單一客戶。安排合理人力服務

03 的未來行銷策略。妥善擬定客戶企業

04 服務客戶。僱用資深行銷人員

05 與成功案例。具有多年行銷經驗

06 獲利的雙成長。為客戶創造營收及

🔍 圖 13-8　選擇優良廣告代理商的六項要件

13-4 奧美廣告公司與廣告客戶合作的十一個階段流程

國內知名的奧美廣告公司，在配合廣告客戶的需求合作上，要歷經十一個詳細的步驟流程，如下表所示：

階段	作業內容	廣告公司參與人員
1. 客戶進行簡報及說明	客戶說明產品特性、通路狀況、銷售對象、行銷目標、競爭狀況……等詳細資料，以助廣告公司迅速進入狀況。	客服／創意／行銷研究人員
2. 廣告公司內部初次開會討論	(1) 相關人員檢討資料之完整性，並尋求問題關鍵，決定是否進行有關調查或蒐集資料。 (2) 排定日後工作進度及工作項目。	客服／創意／行銷研究人員
3. 廣告公司內部策略發展過程	(1) 市場分析／看法。 (2) 目標對象之擬定／競爭範疇界定。 (3) 商品概念／定位研討。 (4) 其他相關行銷作法。 (5) 廣告策略形成。	客服／創意／行銷研究媒體／活動行銷／公關人員
4. 策略決定	廣告公司與客戶討論並決定策略。	客服／創意人員
5. 執行發想	廣告公司根據雙方所決定之策略，發展電視、報紙、廣播其他製作物媒體計畫、活動、公關等。	創意／活動行銷／公關媒體人員
6. 正式提案	提案內容視客戶需求，採年度計畫或是單一活動方式。 提案後若有修正，將再次提出，直到通過為止。	客服／創意／媒體／活動行銷／公關人員
7. 市場調查	(1) 概念測試。 (2) 腳本測試。 (3) 效果預期。 市場調查將視客戶需求進行；調查內容及方法視目標而定，實施期間亦因目標而不同。	客服／行銷研究人員
8. 修正執行	根據調查結果，考慮修正執行方向。	客服／創意人員
9. 製作執行	實際執行製作。	客服／創意／製作人員
10. 品管控制	(1) 平面作品完成後，由相關人員簽署，並由客戶簽認。 (2) 廣告影片由相關人士監督，至完工交片執行中，若有任何問題，隨時與客戶溝通。	客服／創意／製作人員
11. 廣告執行效果評估	(1) 目標達成狀況檢討。 (2) 修正下一波策略。	客服／行銷研究人員

13-5 廣告作業如何運作（電通廣告流程案例）

一、電通廣告流程說明

知名的台灣電通廣告公司，其廣告流程如下圖所示：

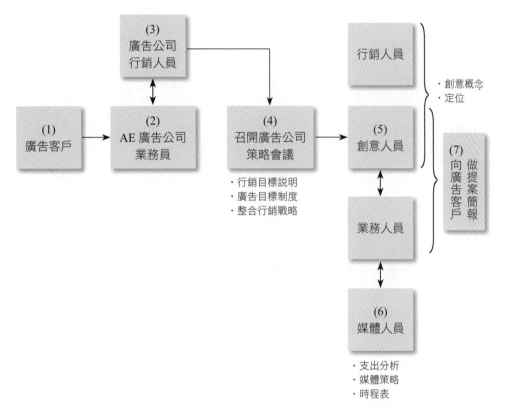

🔍 **圖 13-9 廣告作業如何運作**

→(1)、(2) 及 (3)，即廣告主（客戶）公司行銷人員向廣告公司的 AE 業務人員及行銷人員共同做出簡報說明，說明 (1) 該公司的發展背景、(2) 產品現況、(3) 市場競爭、(4) 此次廣告的目的及任務等工作需求。

→(4) 廣告公司 AE 人員回公司後，即會同行銷人員、創意人員、媒體人員及製片人員等，共同召開一個重要的策略會議，由 AE 人員說明此次廣告主的：①行銷目標，②廣告目標，③產品狀況，及④市場各品牌狀況。

→(5) 然後，由創意人員展開創意構想、創意腳本、創意訴求、創意主角……等計畫提案。

→(6) 此時，媒體人員也要提出廣告客戶預算支出分析、媒體策略及媒體刊播時程表……等。

→(7) 最後，由 AE 人員、創意人員、媒體人員共同赴廣告主客戶公司做創意及媒體簡報，若有需要修改處，則會再做第二次提案報告，直到客戶滿意為止。

二、廣告策略聚焦三要點

電通廣告認為好的廣告策略，應該聚焦做好三要點：

(一) 要有好的創意。

(二) 要有好的腳本。

(三) 要用心洞悉消費者。

圖 13-10　廣告策略聚集三要點

三、媒體策略聚焦五要點

電通廣告認為成功的媒體策略，應聚焦做好下列五要點，即：

(一) Right People：要找到對的對象（目標族群）。

(二) Right Time：要找到對的時間刊播出廣告。例如：有些飲料、冷氣機、冰淇淋……等，必須在每年 5 月～8 月，強力播出電視廣告。有些則是冬天產品，則要在 11 月～2 月播出廣告。

(三) Right Place：要找到對的地點或媒介播出廣告片。例如：中、老年人的產品，就適合在電視新聞臺播出廣告片。而年輕人產品則適合在網路、手機、社群媒體播出廣告。

(四) Right Occasion：要找到對的場合播出廣告。

(五) Right Budget：要有適當、足夠的預算來支撐才行。太少預算，則廣告曝光
率不足，會使成效不佳。

01 **Right People**
要找到對的對象
（目標族群）。

02 **Right Time**
要找到對的時間
刊播。

03 **Right Place**
要找到對的地點或
媒介播出廣告片。

04 **Right Occasion**
要找到對的場合
播出廣告。

05 **Right Budget**
要有適當的預算
來支撐才行。

🔍 圖 13-11 　媒體策略聚焦五要點

13-6 影視廣告製作流程的三步驟

一、影視廣告製作流程（之一）

　　一般來說，影視廣告製拍的流程，大概可分為下列圖示的三個流程，茲說明
如下：

(一) 拍攝前

　　在正式拍攝前，影片製作公司有七項動作要做：

1. 估價：即此支影片拍攝大概要花費多少預算。

2. 客戶確認：估價單拿給客戶（廣告主）看過並確認 Ok。

3. 拍攝前準備：在此期間，製作公司將會製作腳本、導演闡述、燈光影調、音
樂、場景勘景、布景方式、演員試鏡、演員造型、道具、服裝……等有關細
節，都要進行全面準備工作。

4. 第一次製作準備會：PPM 是指 Pre-Product Meeting，即指在開拍之前的第一

次製作準備會議。將由製作公司就廣告影片拍攝中的各個細節，向客戶及廣告公司報告及說明，並可做互動討論，形成共識。

5. 第二次製作準備會：此次會議是針對第一次會議的主動討論，做進一步的修正報告說明。

6. 最終製作準備會：此會議為三方最後一次的討論會，並正式定案所有拍攝細節。

7. 拍片前最後檢查：在正式進入拍攝之前，製作公司要做最後的細節檢查，並對廣告客戶及廣告公司發出「拍攝通告」，告知他們拍攝地點、時間、人員、聯絡方式等；廣告客戶的行銷人員及廣告公司的 AE 人員及創意人員，也可到拍攝現場觀看及了解現況。

(二) 正式拍攝

正式拍攝時，所有的製作公司工作人員，包括導演、製作人、攝影師、燈光師、演員、化妝人員、布景人員……等，都要到現場，展開實際拍攝進度。正式拍攝時，導演是最大的決策者，影片拍攝好壞，導演要負最大責任。

(三) 後期製作（又稱後製）

影片拍攝完成之後，即要回到公司，展開剪輯後製工作，此時期的細節工作，包括下列七項：

1. 沖洗作業。

2. 轉磁（才能進入電腦剪輯）。

3. 初剪：剪輯展開電腦上的初期剪接，形成一支 30 秒的影片帶，但此時還沒有旁白及音樂的版本。

4. 看 A 拷貝：此時會拿給廣告客戶及廣告公司，先看看這支 30 秒廣告片的大致呈現是否滿意，以及提出修改意見。

5. 正式剪輯：此時剪輯師就要進入「精剪」的階段，並將客戶意見納入修改中。

6. 作曲或選曲：此時廣告片中，要開始放入作曲或選曲的音樂效果。作曲即是要獨創出來，選曲即選別人做好的曲子。

7. 配音合成：此階段必須把演員們的旁白及對白、放進去；此時就真正完成了一支 30 秒廣告片的製作。

8. 拿給客戶觀看：此階段就是廣告公司必須拿著此支完成的廣告片，到客戶公

司去播放，給廣告主客戶公司裡相關主管人員觀看。若還有一些小問題，就
必須把此廣告片再拿回去做修改。

(四) 電視播出帶

最終，就是廣告公司準備好電視播出帶，傳送到電視臺的業務部及工程部，
去準備播出了。

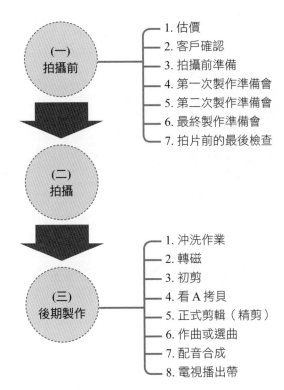

（一）
拍攝前
1. 估價
2. 客戶確認
3. 拍攝前準備
4. 第一次製作準備會
5. 第二次製作準備會
6. 最終製作準備會
7. 拍片前的最後檢查

（二）
拍攝

（三）
後期製作
1. 沖洗作業
2. 轉磁
3. 初剪
4. 看 A 拷貝
5. 正式剪輯（精剪）
6. 作曲或選曲
7. 配音合成
8. 電視播出帶

🔓🔍 圖 13-12 影視廣告製作的一般流程圖示

二、電視廣告製作的流程簡述（之二）

一支電視廣告片的製作流程，可以區分為三個階段，如下圖示：

(一) 製作前階段流程 (Pre-production Stage)

01	02-1	02-2	02-3	03
確認故事腳本及劇本	預算經費確認	給導演、編劇及音樂提供估價	預估電視廣告製作時間表	選擇地點、布景及演員

(二) 進入製拍階段 (Production Stage)

此時，現場拍攝的燈光師、攝影師、演員及導演，都要準備好力求精準拍攝，勿拖延時間太久，以節省成本。

(三) 後期製作階段 (Post-production Stage)

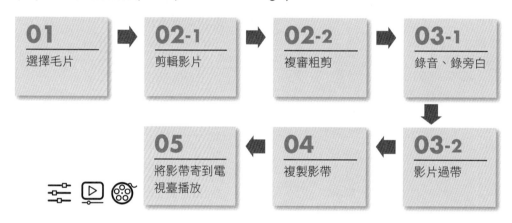

01	02-1	02-2	03-1
選擇毛片	剪輯影片	複審粗剪	錄音、錄旁白

05	04	03-2
將影帶寄到電視臺播放	複製影帶	影片過帶

(四) 後製的相關說明

1. 「後期製作」的程序一般為：影像剪輯、調光調色、音效處理、作曲（或選曲）、配音、音樂製作。

2. 剪輯：現在的剪輯工作一般都是在電腦當中完成的，因此拍攝素材在經過轉磁以後，要先輸入到電腦中，導演和剪輯師才能開始剪輯。剪輯階段，導演會將拍攝素材按照腳本的順序拼接起來，剪輯成一個沒有視覺特效、沒有配音和音樂的版本。然後將特技部分的工作合成到廣告片中。廣告片畫面部分的工作到此完成。

3. 後製：用工作站製作一些二維、三維特技效果，可達到出神入化的地步，對加強廣告中的整體效果可以發揮非常關鍵的作用。

4. 作曲或選曲：廣告片的音樂可以作曲或選曲。這兩者的區別是：如果作曲，廣告片將擁有獨一無二的音樂，而且音樂能和畫面有完美的結合，但製作成本會比較貴；如果採用選曲，在成本方面會比較經濟，但別的廣告片也可能會重複使用到這個音樂。

(五) 影片進行拍攝相關說明

在腳本企劃確認後，就會開始進行影片拍攝。依據影片規模，在拍攝前期也會有相應的準備時間。而在拍攝前製期時，會確認相關細節，例如：確認演員、場地、拍攝時間、通告……等等；也會規劃導演、攝影師、製片、攝影助理、燈光、梳化、收音師……等，一切都依據影片類型與規模下去安排。

(六) 廣告片修改與交件相關說明

1. 在最後一個步驟時，通常會先提供 A copy（粗剪）確認影片製作無誤後，再提供 B copy（完成品）。
2. 而調色、進錄音室配音……等，會在確認 A copy 後，做最後的進行與調整。

三、拍廣告製作流程概述（之三）

另外，還有第三種對拍攝廣告片的完整製作流程，其詳細細節如圖 13-13 所示。

製作流程大致分為五個區塊：

(一) 構思

- 有點子了嗎？若無→市場調查。
- 有→故事…Ok。
- 有→故事 A & 故事 B→網路測試看效果…Ok。

(二) 前期製作

- 選角→找代言人 ⎫
- 找有才華的演員 ⎬ Yes→組建攝製組（基本，進階，完整）。
- 找素人 ⎭
- 拍攝地點→搭棚／上網搜尋／沿路蒐集→外景、內景→攝製組勘景。

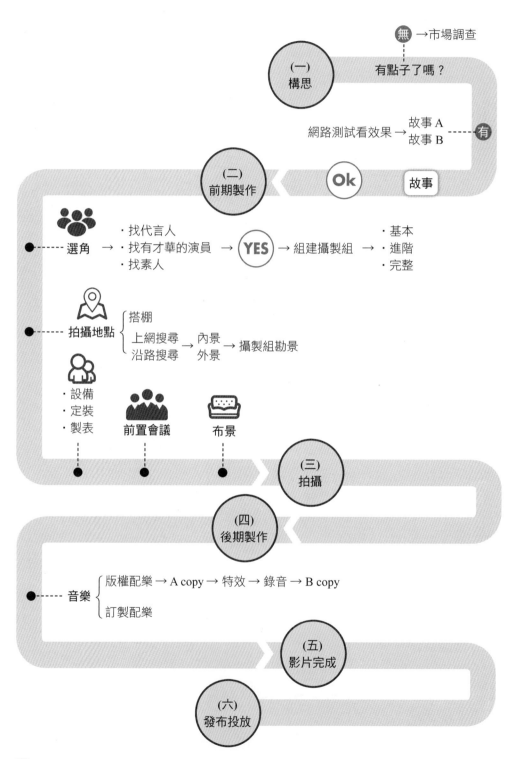

圖 13-13　廣告拍攝的製作流程

(三) 設備、定裝、製表→前製會議→布景

(四) 拍攝→後期製作→音樂→訂製配樂

　　・版權配樂→A copy→特效→錄音→B copy。

(五) 影片完成→發布投放

13-7 廣告企劃案架構

　　一個完整的廣告企劃案，大致如下圖的五個部分：

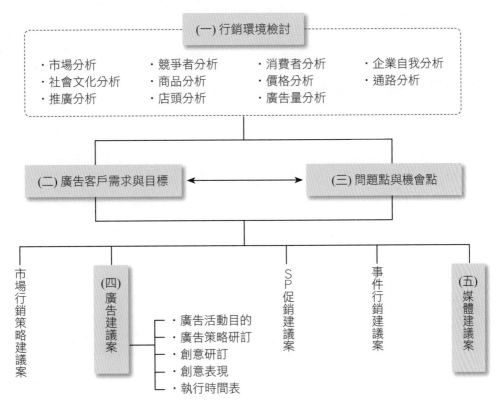

🔍 圖 13-14　廣告企劃案的架構圖示

(一) 行銷環境檢討：廠商面對外部行銷環境的影響很大，因此，必須提出分析與
　　檢討報告，包括：

　・市場分析　　　　　　・競爭者分析　　　　　　・消費者分析

　　　・企業自我條件分析　・社會文化分析　　・商品分析
　　　・價格分析　　　　　・通路分析　　　　・推廣分析
　　　・店頭（賣場）分析　・廣告量分析

(二) 廣告客戶的需求與目標。

(三) 問題點與機會點。

(四) 廣告建議案。

　　　・廣告活動目的

　　　・廣告策略研訂

　　　・創意研訂

　　　・創意表現

　　　・執行時間表

(五) 媒體建議案。

13-8 擬定廣告策略的思考點

擬定廣告策略的思考點

　　擬定有效的廣告策略的思考點，如下八要點：

(一) 廣告的目的為何？廣告表現的目的是提升企業形象或是強調促銷？提高產品知名度或是增加消費者對產品的指名度？廣告的訴求目的盡可能單一，對目的描述更需要簡潔明確。

(二) 產品定位為何？與其他競爭品牌比較之下，產品在消費者心目中的位置為何？當市場環境產生變化時，就可提出未來產品重新定位的想法，更有助於廣告的系列表現參考。

(三) 目標消費群在何處？廣告是對誰說話？為誰而表現？以各種不同的角度，包括心理、人口地理變數及生活型態，來描述主要的目標消費群，最重要的是詳細說明這些訴求對象和其他對象的差別為何。

(四) 分析競爭品牌的廣告策略、訴求重點、廣告影片和平面表現，以及媒體使用情形等，並分別提出問題點及機會點。

(五) 產品對消費者的利益為何？必須以消費者的觀點來看產品利益，而不只是以產品的物理特性來陳述。

(六) 消費者利益的支持點為何？說明本產品的獨特面或新元素。支持點是否能取信消費者？最好能有證明來佐證。

(七) 廣告表現的調性為何？是歡笑的？是嚴肅的？是專業的？是和藹親切的？是值得信賴的？要考慮使用何種表現方式突顯和其他品牌的差異性。

(八) 了解廣告活動預算限制及媒體組合。廣告策略必須具備詳細的陳述，讓廣告人員有所遵循，才不會有偏離主題的情況。

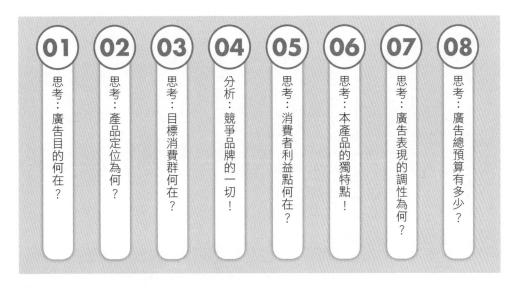

01 思考：廣告目的何在？

02 思考：產品定位為何？

03 思考：目標消費群何在？

04 分析：競爭品牌的一切！

05 思考：消費者利益點何在？

06 思考：本產品的獨特點！

07 思考：廣告表現的調性為何？

08 思考：廣告總預算有多少？

🔍 圖 13-15　擬定廣告策略的八要點

13-9　廣告管理檢討架構

如果從管理角度看，一個完整的廣告管理與檢討的架構，應如下所示：

(一) 制定廣告活動基本戰略：
　　‧目的　‧目標　‧地區　‧期間　‧媒體　‧預算
(二) 制定及評價廣告表現計畫與媒體投放計畫。
(三) 展開廣告 Campaign（活動）投放的執行面。
(四) 進行廣告投放後的總檢討，包括成本與效益分析。

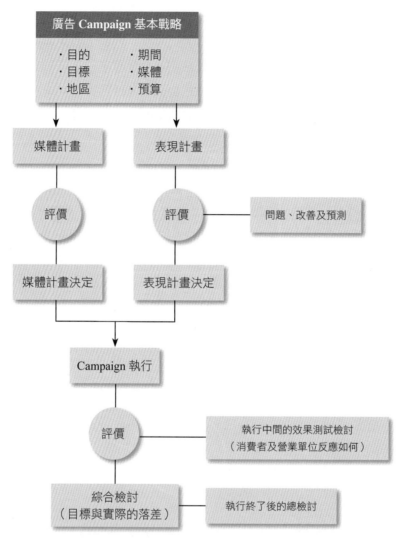

 圖 13-16　廣告管理的檢討架構

13-10 電視廣告製作專業術語

一、有關電視廣告在製作時,常見的專業術語

電視廣告製作常見專業術語

1. 分鏡腳本 Shooting Board	9. 字幕 Super / Subtitle
2. 試鏡 Casting	10. 音效 Sound Effect
3. 模型製作 Mock-up	11. 毛片 Rough Cut
4. 剪輯 Editing	12. 完成帶 B Copy
5. 內景 Studio	13. 母帶 Master Tape
6. 外景 Location	14. 音樂母帶 DAT
7. 配音 Post-Dub	15. 播出帶 Betacam
8. 配音員 Voice Over Talent	16. 道具 Props

二、有關電視廣告片的製作價格

一般等級的 TVCF,一支製作價格平均要價 250 萬元,要價不低。亦即 30 秒的電視廣告片製作價格,就要付出 250 萬元。

電視廣告片的製作價碼

等級	製作費用
較低等級	100 萬元以內
一般等級	200 萬～300 萬（平均 250 萬元）
高水準	500 萬～800 萬
極高水準	1,000 萬元以上

13-11　廣告監播公司

一、潤利艾克曼國際事業有限公司簡介

　　公司成立逾四十年，臺灣地區獨資本土企業 FIBEP（世界媒體監測協會）唯一臺灣地區代表，AI 程式自主研發，200 位資深團隊作業全方位、全媒體即時服務，創新傳統監測開發臺灣地區廣告、新聞、社群大數據庫。

二、特色

(一) 四十年純本土企業（豐富歷史資料庫）。
(二) FIBEP 組織成員（臺灣唯一會員）。
(三) 臺灣蘋果日報授權（代理授權）。
(四) 多媒體涵蓋（電視、紙媒、網路、社群）。
(五) 全天候監測（即時性高，品質穩定）。
(六) 豐富經驗（效率管理，彈性服務）。

13-12　違規廣告件數

一、食品類罰最多

　　臺北市政府衛生局 2018 年食品、藥物及化粧品違規廣告處分統計：

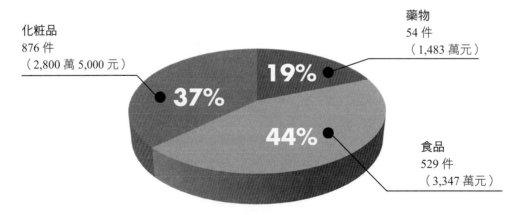

資料來源：臺北市政府衛生局，〈食力〉整理。

二、保健食品廣告超誇張，減肥瘦身件數最多！

臺北市政府衛生局 2018 年食品違規廣告類別統計：

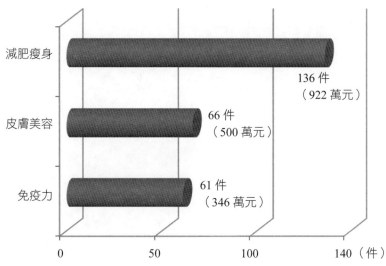

減肥瘦身
皮膚美容
免疫力

136 件
（922 萬元）

66 件
（500 萬元）

61 件
（346 萬元）

0　　　　50　　　　100　　　140（件）

資料來源：臺北市政府衛生局，〈食力〉整理。

考試及複習題目（簡答題）

一、請列出李奧貝納廣告公司經營成功的八大法則為何？

二、請說明李奧貝納廣告公司「One Team」（一個團隊）的意義為何？

三、請說明李奧貝納廣告公司認為什麼才是成功的廣告公司。

四、請列示五贏哲學是指哪五大項都贏？

五、請列示廣告公司 AE 人員回到公司，要向創意人員及策略企劃人員報告哪四件事？

六、請列示電通廣告公司認為廣告策略應聚焦哪三項？

七、請列出電通廣告公司認為好的媒體策略，應聚焦在哪些要點？

八、整體來說，影片製拍流程有哪三步驟？

九、請列示 PPM 之中英文意義為何？

十、請列出擬定廣告策略的八要點有哪些？

十一、請列示何謂 Shooting Board？

十二、請列示何謂 B copy 帶？

十三、請列示一支 TVCF 的製作費用，平均要價多少？

十四、請列示國內唯一一家廣告監播公司為何？

Chapter **14**

廣告創意綜述

14-1 創意需求概述

一、意義

所謂「創意需求」(Creative Brief)，是指要展開新一波的廣告活動時，業務人員對創意人員 (Account Planner) 會提出一份「訂購需求單」，以做為創意人員在發想創意腳本及內容時的參考應用。基本上，這份「訂購單」需明確寫出的內容，至少包含下列六個項目內容才行：1. 廣告目的；2. 目標對象輪廓描述及關鍵洞察；3. 廣告所欲傳達的訊息、主張及支持理由；4. 預期達成的消費者反應及認知目標；5. 運用的媒體工具及露出期間；6. 廣告客戶的需求、規定事項等。茲描述如下：

(一) 廣告目的

例如：將品牌認知度提升至 60%、達成銷售 200 萬箱、增加卡數 50 萬卡、市占率提升 5% 的目標等。

(二) 目標對象輪廓描述及關鍵洞察 (Key Insight)

不只是年齡、性別等人口統計變項的描述，像目標族群對品牌的觀感、生活型態、媒體接觸狀況等，也應生動地加以著墨。尤其是洞察到能達成「廣告目的」的價值觀、行為、深層心理描繪，更是重要。

(三) 廣告所欲傳達的訊息、主張及支持理由

根據目標對象的洞察 (Insight)，具體描繪出能夠確實達成廣告目的的訊息（商品的功能性 Benefit, Emotional Benefit 等）及其支持的證據。

(四) 預期達成的消費者反應及認知目標

希望目標對象在看到廣告後能夠感受到、留下印象或喜歡上的東西。

(五) 運用的媒體工具及露出期間

(六) 廣告客戶的需求、規定事項等

例如：表現上一定得放的要素、法律上的限制等。

　　後記，Creative Brief 可視為業務人員與創意人員彼此溝通之間的簡短訊息橋梁。其目的主要希望創意人員所做出來的電視廣告 CF，能夠讓出錢的廣告客戶滿意，這樣的客戶才會持久。茲圖示如下：

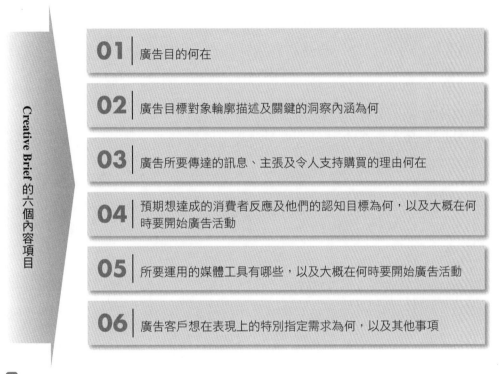

01 | 廣告目的何在

02 | 廣告目標對象輪廓描述及關鍵的洞察內涵為何

03 | 廣告所要傳達的訊息、主張及令人支持購買的理由何在

04 | 預期想達成的消費者反應及他們的認知目標為何，以及大概在何時要開始廣告活動

05 | 所要運用的媒體工具有哪些，以及大概在何時要開始廣告活動

06 | 廣告客戶想在表現上的特別指定需求為何，以及其他事項

Creative Brief 的六個內容項目

🔒🔍 圖 14-1　Creative Brief 的六個內容項目

二、創意需求的實施內容

　　所謂 Creative Brief，是指在開展真正創意發想之前，必須由策略企劃人員提出一份「創意需求單」，這些項目包括：

(一) 此次廣告的目的為何？

(二) 此次廣告對象 (TA, Target Audience) 輪廓描述及 Key Insight（關鍵洞察）。

(三) 此次廣告所欲傳達的訊息、主張及支持理由。

(四) 此次廣告真正帶給消費者的核心利益點 (Core Benefit) 為何？

(五) 預期達成消費者反應及認知目標為何？

(六) 此次廣告如何引起消費者的注目及信賴度？以及要用哪種推薦或見證手法？

(七) 要如何運用哪些媒體工具組合，才能讓潛在 TA 看到？

(八) 另外，還有預計廣告曝光期間為何？曝光的廣告強度如何？

(九) 此次廣告預算有多少？可以上哪些媒體？媒體占比大約如何？

(十) 此次廣告片秒數有多長？

01	02	03	04	05	06	07	08	09	10
廣告目的為何？	廣告對象為何？有何洞察？	傳達的訊息、主張為何？	核心利益點何在？	消費者反應及認知為何？	如何引起注目及信賴？	運用哪些媒體工具組合？	廣告曝光期間多長？	廣告預算有多少？	廣告片長度幾秒？

圖 14-2　創意需求的實施內容

三、撰寫「Creative Brief」時必須掌握的重點

(一) 找出關鍵的 Consumer Insight（消費者洞察）

這可說是「Creative Brief」的核心所在。

(二) 要像「廣告」般地簡潔有力

業務人員的工作便是要求出可契合洞察力的一句話，如果無法一語道出「What to say」，很可能是還未找到洞察力！

(三) 能夠激發創意人員靈感

即使找到「What to say」，要是創意表現不夠高明，也是枉然。創意人員具有想像空間，進而提出一些激發的靈感，也很重要。

(四) 要能明確提出「這麼說，廣告肯定有效」的一套邏輯出來

如果沒有辦法讓人想像「為何這麼做，廣告就會有效果」，除了無法引導創

意人員做出有效的創意外，也別期待能夠說服客戶。

(五) 必須是所有參與成員擁有共識下的一份產物。

(六) 以提供有用的情報為前提，不要落入把表格填完即可的心態。

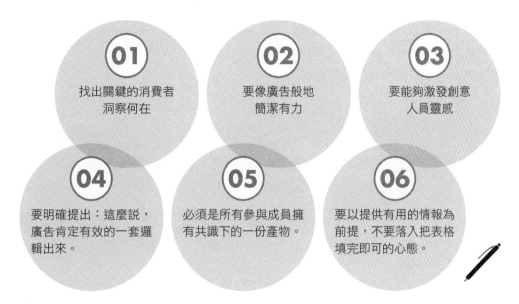

🔍 圖 14-3 撰寫 Creative Brief 時，應掌握六大重點

14-2 消費者洞察的意義及方法

一、何謂消費者洞察 (Consumer Insight)？

簡單的說，就是能夠看穿、洞悉消費者的消費行為、購買行為、品牌行為、價格認知行為、價值觀行為及使用行為，以及這些行為背後的心態及動機為何。

二、消費者洞察的用處

有效的消費者洞察，可以用來做為下列事項：

(一) 新產品、改良產品的參考依據之用。

(二) 廣告片製作及創意思考的參考來源之用。

(三) 提高銷售業績的有效促銷手法參考之用。

(四) 提高顧客滿意度之參考。

01	**02**	**03**	**04**
做為新產品、改良產品的參考依據	做為廣告片創意及製作思考的參考來源之用	做為提高銷售業績的有效促銷手法參考之用	做為提高顧客滿意度之參考用

圖 14-4　消費者洞察的用處

三、消費者洞察的方法

(一) 舉辦消費者焦點座談會 (FGI, focus group interview)

傾聽參與座談會顧客們內心的想法、需求、認知及意見。

(二) 實地觀察法

可到實地賣場、門市店去觀察消費者的購買行為，或是與他們交談，蒐集必要資訊。

(三) 問卷調查法

可以透過紙本問卷、手機問卷、電話問卷，電腦問卷四種方式，以蒐集顧客意見及洞悉消費者心理。

圖 14-5　消費者洞察的方法

14-3　創意培養方法

創意培養是行銷企劃人員、廣告人員與產品設計人員不可或缺的重要技能。創意的成功，經常可以帶動品牌知名度與產品銷售創下佳績。以下幾點均有助於培養創意。

一、顛覆傳統、打破習慣、反向思考

很多人拘泥於傳統的思維與既有習慣，毫無創意可言。因此，要有創意必須先顛覆傳統、打破習慣、反向思考。我們舉幾個例子來看：

- 為什麼洗澡只能用一塊一塊的香皂，而不能用液體般的東西？因此出現了沐浴乳與洗手乳。
- 為什麼洗衣服只能用一粒一粒白色的洗衣粉？而不能用液體般的東西？因此出現了洗潔精與洗衣精等產品。
- 為什麼電腦一定要是桌上型的？不能隨手提著、隨手用？因此出現了筆記型 (NB) 電腦，而且愈來愈受歡迎。現在甚至已有平板電腦 (Tablet PC)，更加方便攜帶及輸入操作。
- 為什麼拍廣告一定要用國語發音？因此出現了日語發音的日本產品廣告。例如：MAZDA 汽車廣告、御飯糰廣告等。
- 為什麼錄影帶要那麼大？不能有其他輕些、小些的替代品？因此出現了CD，非常輕薄短小。
- 為什麼手機要那麼大？不能輕薄短小放在口袋嗎？因此出現了超小型及可滑蓋式新手機。
- 為什麼便利商店不能賣熱食？因此出現了關東煮熱食。

二、從「需求」出發：有什麼需求尚未被滿足

大部分的創意，是為解決人們的需求，特別是為解決那些尚未被滿足、未發現的滿足，只要能從需求觀點出發，創意並不難產生，例如：

- 為什麼繳交通違規罰單，只能到郵局或交通裁決所呢？此亦不符合「便利需求」。因此後來，便利超商都可以代繳，此創意也增加超商的代收手續費收入。

- 為什麼以前繳學費必須親自到學校去繳呢？後來開放到可以在銀行與郵局代繳。
- 為什麼以前汽車全都是手排檔？後來全部改自動排檔，以方便駕駛。
- 為什麼以前提款要親自到銀行櫃臺辦理呢？現在則有 ATM 機，方便提款及匯款，不必再排隊等待。

三、對人、地、事、物變化的敏銳觀察

行銷、廣告及產品設計人員，必須時時刻刻觀察人、地、事、物的變化，才能掌握創意的來源。例如：

- 雙週休開始，是否對休旅車市場增溫有助益。
- 國內北部人與南部人的消費傾向與政治選擇不完全相同。
- 不同年齡、所得、教育、職業、性別、個性等，必然會有不同生活方式之消費需求及消費觀。
- 自行車在落後國家可能是上班上學的交通工具，但在先進國家可能是運動、便利、休閒登山的工具。觀點與需求大相逕庭。
- 高等教育普及化政策之下，私立學院及大學紛紛設立，教育產業蓬勃發展。

四、常常閱讀，全方位生活知識

廣告企劃人員必須常常閱讀各種領域的書報雜誌書刊，才能沉澱出創新構想。如果本身知識貧乏，缺乏內涵，那就不容易有創意可言。因此，舉凡各種財經、企管、社會人文、傳記人物、藝文、科技、電影、小說、散文、歷史文化、種族等相關資料，都應常常涉獵。

五、喜愛旅行，出國參訪考察

俗謂讀萬卷書，不如行萬里路、廣告企劃人員應多利用休假時間，到國內、外旅行，看看每個國家、每個地方的人文社會特色及市場情況。另外，也應多多向公司爭取出國參訪考察。尤其是新行業、新市場、新經營手法與新思考等，都必須放眼到國外去看看。

- 例如：統一超商、統一宅急便、統一康是美（藥妝店）、統一星巴克（咖啡）和統一武藏野便當公司……等，都是統一企業到日本及美國參訪考察後，決定國內值得去開發經營的市場。一來國外有成功經營的案例；二來國

內環境與國外相差不遠；三來國外名牌公司可能合作，加快速度。

- 再如東森得易購電視購物公司，亦是出國參訪韓國二家大型電視購物公司之後決定要經營。

六、經常蒐集資料、分類儲存起來

創意的產生或撰寫廣告企劃案的資料來源，必須仰賴大量國內外及公司內部的資料來源。因此，必須養成經常蒐集資料，並且加以分類儲存。

- 例如：廣告公司創意部門經常蒐集日本廣告片 CF 大賣的帶子，做為廣告創意的參考。
- 東森電視購物經常拷貝美國 QVC 及韓國 LG 電視購物節目帶，做為節目與產品參考之用。
- 個人應該針對自己公司的行業，在各種網站、專業雜誌、國際展覽會等，廣泛蒐集國外先進國家第一品牌的相關發展策略與作法。
- 統一超商每月定期蒐集翻譯日本 7-11 超商與作品做為經營參考、該公司的主題行銷活動，即參考日本 7-11 公司，此外，像御飯糰、御便當、關東煮、涼麵、三明治、麵包、鐵道之旅、各地鄉土產品、ATM 機等，亦引進日本 7-11 公司的相關模式。

七、隨手筆記，趕快記下一閃而過的創意

想法豐富的廣告企劃人員，經常在開車、喝咖啡、吃飯、開會、深夜思考，甚至於與客戶好友約會、看資料、參展或看電影時，引發與公司業務相關的想法或創意，必須盡快隨手記在筆記本、PDA 或一張紙上，等回到公司再正式構思寫出 。否則想法與創意會稍縱即逝。

八、小組團體討論，集思廣益

面對一個複雜的企劃案，或是很冷門，還是不明確尚在發展中的企劃案時，個別的企劃人員可能沒有足夠的知識、常識、格局或創意，完成一個企劃案。因此，必須藉助公司內部跨部門小組團體的多次熱烈討論與辯論，集思廣益，然後逐步縮小範圍，得到企劃的突破重點與作法所在。

此種模式，在很多公司或廣告企劃單位中經常看到。畢竟一個人的生活、教育、觀點、年齡、所得、嗜好及消費等，與五、六個人或八、九個人相較，當然

會有格局不夠大之缺點。

九、自我放鬆，諸法皆空，自由自在

　　當廣告企劃人員工作太緊湊或壓力太大，很可能寫不下去。此時，應該嘗試自我放鬆，完全脫離工作。去看看山、看看海、出國一趟、看場電影、聽聽音樂、去作一次 SPA、或去運動一下，總之要完全自我放鬆，自由自在。然後，再回到工作崗位，將會有不一樣的工作情緒、思考與精神。

　　從自我放鬆，自由自在中，可以體會到人的存在意義與人生的問題，這對再入紅塵俗世，自然有很大的幫助。

十、時常問自己：為什麼？為什麼要這樣？為什麼不能那樣？

　　廣告企劃人員要勇於挑戰大眾、挑戰您的主管，甚至大膽挑戰最高經營者（董事長），並推翻自己，應該經常問自己：Why? Why so? Why not? 透過 Why 的挑戰，會讓大家的思考更上一層樓與更深入一層，才能看到解決的本質。這是非常重要的根本問題。尤其在官僚體系一言堂，與論資排輩的傳統公司中，堅持這種 Why 的精神尤其重要。否則，企業最後仍要面對競爭對手的強力挑戰。唯有不斷追根究底的問 Why，才能得出最好與最可行的解決方案。

十一、經常性的觀察消費者的行為、思想及話語

　　廣告創意也可以從觀察消費者們日常的行為、思想、話語、期待、想望、欲望等著手而產生很好的創意、腳本及 Slogan。

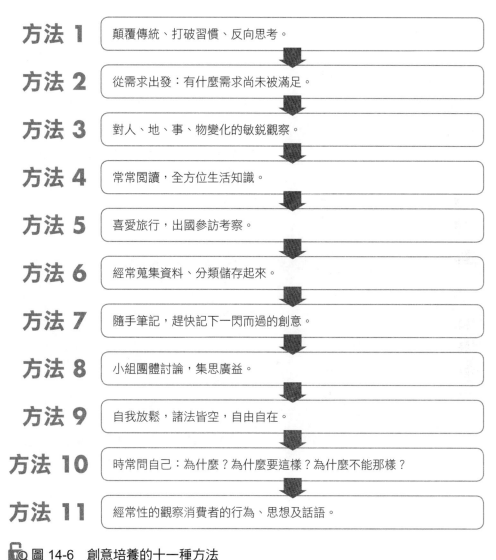

方法 1	顛覆傳統、打破習慣、反向思考。
方法 2	從需求出發：有什麼需求尚未被滿足。
方法 3	對人、地、事、物變化的敏銳觀察。
方法 4	常常閱讀，全方位生活知識。
方法 5	喜愛旅行，出國參訪考察。
方法 6	經常蒐集資料、分類儲存起來。
方法 7	隨手筆記，趕快記下一閃而過的創意。
方法 8	小組團體討論，集思廣益。
方法 9	自我放鬆，諸法皆空，自由自在。
方法 10	時常問自己：為什麼？為什麼要這樣？為什麼不能那樣？
方法 11	經常性的觀察消費者的行為、思想及話語。

🔍 圖 14-6　創意培養的十一種方法

十二、創意思考七階段

美國的一位廣告人提出創意思考的七個階段 (Wells, Burnett & Moriarty, 1989, pp. 422~424)

(一) 確認方位期：先清楚問題在哪裡。

(二) 準備期：把有相關的資訊蒐集在一起。

(三) 分析期：把相關聯的材料分成細部來看。

(四) 想法構成期：把有無可能使用的想法放在一起來看。

(五) 潛伏期：放手，看看有無啟蒙的想法出現。

(六) 綜合期：把片段的東西組合在一起。

(七) 評估期：判斷最終的想法。

14-4 廣告人創意特質的五條件及五項功課

一、具備創意特質的五項條件

(一) **好奇心**：對任何事情或人感興趣，有強烈的好奇心，喜歡探究，如此才能有新發現。

(二) **膽識**：願意去挑戰，突破傳統，勇於嘗新，從不斷嘗試中，激發更多不同的創意。

(三) **行動力**：光有創造力仍不夠，你必須有能力實現這個創意，轉化成具體的作品。作品才是最終的評斷。

(四) **熱情**：必須對創作抱持熱情。特別是在廣告業，工作時間長、壓力大，如果沒有熱情，很難做得久。

(五) **信心**：相信自己是有創造力的人，當你對自己的能力有足夠的信心，才能完全發揮潛力。如果不相信自己有創造力，就不會有創造力．

圖 14-7　廣告人創意特質的五條件

二、培養廣告創造力的五項功課

(一) **應培養多方面的興趣**：盡量接觸與認識不同的領域，看待事物的角度才會多元，不會過於侷限。

(二) **好奇心**：不要害怕問笨問題，許多偉大的發明都是從笨問題的疑問開始。

(三) **學習心**：要有強烈的求知慾，不斷學習新的事物，多看好的作品，對於什麼是好的創意，自然會有不一樣的想法。

(四) **認真生活**：充實自己的生活，多接觸人文藝術領域，旅行是非常好的人生體驗，到不同的地方去看看。陌生的環境可以帶給你很好的刺激，讓一個人的想法更豐富。

(五) **多交朋友**：認識不同文化背景的益友，也是拓展生活經驗的一種方法，多與自己專業領域外的人交流。

圖 14-8 培養廣告創造力的五項功課

14-5 創意的執行類型

廣告創意的執行，常用下列七方式表現：

(一) **證明法**（代言人）：例如醫生、演藝人員、專家、意見領袖、網紅、教授等。

(二) **問題解決法**（洗髮精）：例如海倫仙度絲解決頭皮屑。

(三) **示範法**（洗潔精）：例如多芬洗面乳、洗髮乳之上班族示範。

(四) **幻想法**：英雄救美、穿 Levis 牛仔褲。

(五) **幽默法**：例如用古裝手法拍茶飲料。

(六) **生活片段法**：例如統一左岸咖啡、御便當。

(七) **直接銷售法**：例如百貨公司促銷打折廣告。

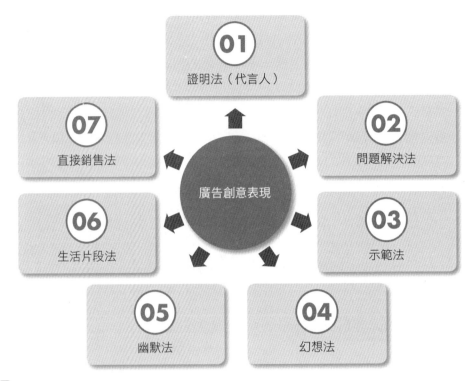

圖 14-9　廣告創意的執行類型

14-6　廣告訴求方式的分析

　　要使消費者對廣告有所行動，在廣告訊息中必須要有訴求點，如何滿足消費者的需求，進而產生購買動機，消費者在購買某些產品時，會運用左腦或右腦來對產品做判斷，左腦以理性、邏輯、特徵作為考慮的依據，而右腦專以人格特質、品味、感覺為考量，可以視為感性購買。我們根據人的特質，來作為理性及感性的廣告訴求方式。

一、理性訴求

　　理性訴求偏重於理性的購買，運用說理方式，直接說明商品的優點：

(一) **安全 (Safety)**：屬於馬斯洛的人類基本訴求，因為消費者都想確定所購買的產品是否能提供安全以免於被傷害，比如小孩的玩具會強調 ST 的安全玩具認證、富豪汽車最著名的廣告，就是乘坐富豪汽車就像小孩在媽媽的懷裡，

克萊斯勒的現場撞車試驗都是在強調安全。

(二) **舒適訴求 (Indulgence)**：每個人都有好逸惡勞，希望生活舒適及休閒的需求，因此廣告商就常強調「人生不能重來，即時享受」這種方便、舒適來做訴求。

(三) **耐用 (Maintenance)**：如果產品性能運作良好、使用期限長，表示此產品可節省金錢上的支出，可減少消費者的困擾，耐用的訴求包含了經濟、舒適、運作良好為一體。

(四) **運作良好 (Performance)**：消費者在購買商品時，更要求產品的功能能夠運作良好，廣告商常用示範的表現方式來說明產品的運作良好，例如：圓的旋轉、無聲、靜悄悄。

(五) **外觀 (Looks)**：主要在於強調視覺的美感，比如說：讓你顯得更美麗，或者是冰箱的圓弧造型。

(六) **經濟 (Economy)**：一般消費者在選購產品時，多會考慮價錢跟產品的合理，都希望能以低的價格來買到多的產品，廣告商常舉辦促銷活動，以符合消費者去追求經濟的效益，例如：價格訴求或促銷，多 500 克不加價、多了兩片價格不變。

(七) **健康 (Healthy)**：消費者愈來愈重視健康需求，而廣告主亦經常以此為廣告訴求方向。例如，老年人的保健食品、醫藥、健康食品等均以此為訴求。

(八) **美麗／抗老**：很多化妝保養品及醫美產品，均以讓消費者更加美白、美麗、亮麗、抗老等為訴求重點，因此受到消費者歡迎。

(九) **功能**：很多產品廣告都在強調它的優良功能、機能，例如：冷氣機強調省電與極冷、手機強調攝影功能、電視機強調畫面功能、洗衣精強調洗淨除菌功能、優格、益生菌強調腸胃功能……等。

圖 14-10　理性廣告的九大訴求

二、感性訴求

偏重於感性的購買，為了讓讀者方便記憶，使用 PLEASURE 來表示：

(一) 使人們感興趣 (People Interest)：一般人對於明星有極大的興趣，因此廣告常以電影明星現身說法的方式，讓觀眾產生希望擁有、幻想及效法的欲求，並啟發人類的善良動機去幫助別人，大部分這類的廣告都是公益性的廣告。

(二) 歡笑 (Laughter)：人生難免有挫折，必須運用心智上的解脫，來紓解不愉快的心情，而歡笑就是解脫的良方，因此，廣告常利用歡笑或家庭和樂的表現方式來呈現。

(三) 啟發 (Enlightment)：人是群居的動物，為避免處於獨立的狀態，被社會所隔離，更希望能發揮本身的潛力來支配環境。因為廣告提供有用的知識給消費者，使得廣告更容易被消費所注意，比如 IBM 的廣告告知觀眾，網路能知天下事的效用。

(四) 引誘 (Allurement)：也稱為感性的訴求，引誘融合了人類興趣以及感官的訴求來引起消費者的注意，必須注意品味的提升以及社會道德的標準。

(五) 感官訴求 (Sensation)：感官訴求是利用人類的基本官能訴求，包括視覺、聽覺、味覺……，達到對消費者的官能刺激。例如：熊寶貝柔軟精、香噴噴的米、轟天雷的聽覺效果。

(六) 獨特 (Unique)：獨特的相關語就是新的、新奇的、我有的而你沒有，主要在強調產品的獨特性、新產品或新成分。

01	02	03	04	05	06	07	08
感興趣訴求	歡樂訴求	啟發訴求	引誘訴求	感官訴求	獨特訴求	競爭訴求	卓越訴求

🔍 圖 14-11　感性廣告的八大訴求

(七) 競爭 (Rivalry)：競爭與衝突是戲劇寫作的本質，主要描述兩種不同的觀點，競爭是最能夠引起觀眾注意的比較式的廣告，在使用競爭性訴求時，以漸進的擴大產品競爭衝突張力，更能引起觀眾注意，例如：百事可樂及可口

可樂、動物油與植物油、白蘭與一匙靈。

(八) **卓越 (Eminence)**：這種訴求方式就如同是奉承的訴求，主要在顯現出自我的表現、專業性和高品味，這類的產品大多數是高價的產品，廣告多半企圖以卓越性來掩飾產品的高價位。

三、道德訴求

利用曉以大義的方式，提醒人們切實執行某些正確概念，包括公益廣告、社會運動、生態保育、維護交通、幫助弱勢團體、捐血廣告等。

四、恐懼訴求

人們對於危險的表現或暗示所產生的威脅感，會積極避免或採取防禦措施來克服威脅，而廣告即利用這種行為來影響其消費行為。

14-7 廣告表現的構成要素

一支電視廣告片的組成要素，應該包括下列八項要素：

(一) 商品的名稱及品牌。

(二) 商品的外觀、設計及功能。

(三) 登場人物（藝人、醫生、素人等演員）。

(四) 音樂（配樂）。

(五) 故事（30 秒的簡單劇情）。

(六) 調性（風趣的、唯美的、感動的……）。

(七) 背景（場景、室內及室外）。

(八) 字幕與口白（發音）。

圖 14-12　廣告表現的構成要素

14-8　實際觀看電視廣告片之訴求統計

一、本節以下內容，為作者於近幾日晚上時間，在觀看電視節目廣告時段時，所
　　記下的該支廣告片的內容訴求類型。主要區分為下列七種訴求：

(一) 產品功能型訴求。

(二) 促銷活動型訴求。

(三) 品牌形象型訴求。

(四) 政府政令宣傳型訴求。

(五) 公益型訴求。

(六) 唯美型訴求。

(七) Call-in 型銷售訴求。

二、根據以下記錄顯示，產品功能型訴求是目前電視廣告內容訴求最常見的類型，幾乎占了九成以上之多。

三、如下記錄：

No	品牌名稱	訴求類型
1	LUXGEN 汽車	促銷活動廣告
2	VIVO 手機	產品功能型廣告 張鈞甯代言
3	東元家電冷氣	產品功能型廣告
4	萬丹鮮奶	產品功能型廣告
5	益固康藥品	產品功能型廣告
6	純濃燕麥	產品功能型廣告
7	Dyson 吹風機	產品功能型廣告
8	克風邪藥品	產品功能型廣告
9	桂格燕麥飲	產品功能型廣告 吳慷仁代言
10	Uber Eats 外送	產品功能型廣告 林志玲代言
11	OSIM 按摩椅	促銷活動廣告
12	龍角散	產品功能型廣告
13	SUZUKI 汽車	產品功能型廣告
14	斯斯解痛藥	產品功能型廣告
15	統一 AB 優酪乳	產品功能型廣告
16	手遊-龍族幻想	唯美型廣告
17	太和工房水瓶	形象型廣告
18	全聯阪急麵包	產品功能型廣告
19	566 洗髮精	產品功能型廣告
20	得意的一天橄欖油	產品功能型廣告

No	品牌名稱	訴求類型
21	可口可樂	形象型廣告
22	娘家滴雞精	Call-in 銷售型廣告
23	三得利保健品	Call-in 銷售型廣告
24	NISSAN 汽車	產品功能型廣告
25	SENTRA 汽車	產品功能型廣告
26	新光三越百貨	促銷活動廣告
27	SOGO 百貨	促銷活動廣告
28	Derek 衛浴	唯美型廣告 張鈞甯代言
29	Crest 牙膏	產品功能型廣告 蔡依林代言
30	麥當勞	產品功能型廣告
31	黑人牙膏	產品功能型廣告 盧廣仲代言
32	光陽機車	產品功能型廣告
33	桂冠湯圓	促銷活動廣告
34	屈臣氏	促銷活動廣告
35	TOYOTA 汽車	公益廣告
36	City Café	形象型廣告 桂綸鎂代言
37	全聯超市	促銷活動廣告
38	海倫仙度絲洗髮乳	產品功能型廣告 賈靜雯代言

No	品牌名稱	訴求類型	No	品牌名稱	訴求類型
39	康是美	促銷活動廣告	60	LaNew 鞋	產品功能型廣告
40	Panasonic	產品功能型廣告	61	香奈兒 5 號香水	唯美廣告
41	普拿疼	產品功能型廣告	62	品客洋芋片	產品功能型廣告
42	VOLVO 汽車	產品功能型廣告	63	樂事洋芋片	產品功能型廣告
43	舒酸定牙膏	推薦式+功能型廣告	64	三菱冷氣	產品功能型廣告 林志玲代言
44	麥當勞咖啡	促銷活動廣告	65	桂格完膳	醫生推薦 產品功能型廣告
45	住商不動產	形象廣告			
46	桂格養氣人蔘	產品功能型廣告 謝震武代言	66	統一純喫茶	產品功能型廣告
47	老協珍	形象廣告 郭富城代言	67	肯德基	產品功能型廣告
			68	妙而舒紙尿褲	產品功能型廣告
48	衛福部	政府廣告	69	大金冷氣	促銷廣告
49	天地合補葉黃素	產品功能型廣告	70	Audi 汽車	形象廣告
			71	經濟部	政府廣告
50	馬爹利洋酒	產品功能型廣告	72	麥香紅茶	產品功能型廣告
51	銀寶善存	產品功能型廣告	73	PONPON 洗面乳	產品功能型廣告
52	KIA 汽車	產品功能型廣告			
53	輝葉按摩椅	產品功能型廣告 徐若瑄代言	74	FoodPanda 外送	產品功能型廣告
			75	光泉豆漿	產品功能型廣告
54	肌立酸痛貼布	產品功能型廣告	76	亞培葡勝納	醫生推薦 產品功能型廣告
55	日立冷氣	促銷活動廣告			
56	挺立保健品	產品功能型廣告	77	五洲製藥	產品功能型廣告
57	倍速益保健品	產品功能型廣告	78	SK-II	產品功能型廣告
58	ŠKODA 汽車	產品功能型廣告	79	花王洗面乳	產品功能型廣告
59	三多 B 群	產品功能型廣告	80	保力達	形象廣告

14-9 近期電視廣告片 28 個 Slogan 之記錄

作者利用每天晚上看電視廣告片時，記錄下 28 個廣告產品的 Slogan（廣告金句、宣傳語句）如下：

No	品牌	slogan
1	Panasonic	A better life, a better world!
2	日立家電	Inspire the next!
3	Lexus 汽車	Expenience amazing!
4	全國電子	足感心！
5	SK-II	晶瑩剔透
6	蘇菲	天然原生棉
7	渣打銀行	一心做好，始終如一！
8	倍健魚油	品質有保證！
9	566 植護髮	把青春偷回來！
10	日立家電	日本原裝，生活美學！
11	喬山按摩椅	日本第一，只在喬山！
12	BOSH 洗碗機	Invent for life!
13	達美樂披薩	就是好吃！
14	茶裏王飲料	鮮爽回甘
15	OP 洗碗精	自然好安心
16	飛利浦萬用鍋	小萬在家，營養到家！
17	18 天臺灣生啤酒	只有新鮮，才能深得我心！
18	全聯超市	方便又省錢
19	三得利芝麻明 E	睡得好眠
20	桂格燕麥飲	就是我的型！
21	富邦金控	正向力量成就可能！
22	Audi 汽車	未來是一種態度！
23	Crest 牙膏	白得亮眼
24	櫻花廚衛	享受智能，樂在生活！

No	品牌	slogan
25	臺灣房屋	歡迎您的加入！
26	臺灣彩券	讓好事發生！
27	維士比機能飲料	大家福氣啦！

14-10　近期 7 個品牌電視冠名贊助廣告記錄

No	節目名稱	電視臺	品牌名稱
1	超級夜總會	三立臺灣臺	富士益冷氣
2	飢餓遊戲	中視	斯斯止痛
3	超級紅人榜	三立臺灣臺	愛妮雅保養品
4	臺灣那麼旺	民視	福爾額溫槍
5	綜藝大集合	民視	臺塑石油
6	我愛冰冰秀	中視	益思維保健品
7	我們練愛吧	民視	愛爾麗醫美集團

考試及複習題目（簡答題）

一、請列示 Creative Brief 之中文為何？

二、請列示 Creative Brief 的至少六個項目內容為何？

三、請列示 Consumer Insight 之中文為何？

四、請列示消費者洞察的四項用處為何？

五、請列示消費者洞察的三大方法為何？

六、請列示至少四種創意培養的方法為何？

七、請列示培養廣告創造力的五項功課為何？

八、請列出至少四種創意執行的類型為何？

九、請列出至少四種理性廣告訴求為何？

十、請列出廣告表現的八項要素為何？

Chapter **15**

廣告企劃案大綱實例

廣告企劃案的基本理論概念

- 傳播概念與傳播策略。
- 傳播組合。
- 創意腳本。
- Event 活動。
- 網路行銷 (Online Marketing)。
- 媒體計畫 (Media Plan)。
- 品牌資產 (Brand Equity)。
- 市場分析。
- 品牌網路關係。
- CF、NP、RD（CF：電視廣告片；NP：報紙廣告稿；RD：廣播廣告稿）。
- 產品定位 (Product Positioning)。

個案 1　某飲品公司的年度廣告企劃案

本企劃案係由廣告公司對某飲品公司提出的「廣告企劃案」。

茲將綱要架構列示如下，以供參考。

(一) 整體環境的挑戰

- 競爭者挑戰面。
- WTO 開放挑戰面。
- 消費者變化挑戰面。
- 政府法令挑戰面。

01
競爭者挑戰面

02
WTO 開放挑戰面

03
消費者變化挑戰面

04
政府法令挑戰面

🔍 圖 15-1　整體環境的四大挑戰

(二) 飲品的市場在哪裡

· 最近五年飲品產銷。

· 各品牌飲品市場占有率。

· 飲品的未來成長空間與潛力。

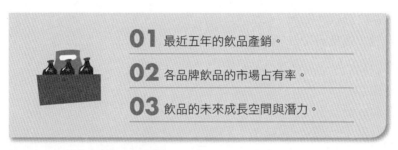

圖 15-2　飲品的市場未來在哪裡

(三) 目前本飲品品牌與消費者的品牌網路關係。

(四) 本飲品品牌今年度最關鍵思考的主軸與核心。

(五) 經營策略

· 如何擴大整體飲品市場。

· 如何提升本品牌形象。

· 如何經營年輕人市場。

· 如何經營通路。

圖 15-3　四大經營策略

(六) 傳播目標與策略

- 短期／長期的傳播目標。
- 短期／長期的傳播策略。

(七) 傳播概念

- 主要／次要訴求對象。
- 核心訴求重點與口號。
- 品牌概念。
- 產品概念。
- 企業理念。
- 價值訴求。

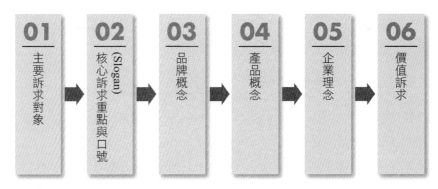

01 主要訴求對象 → **02** (Slogan) 核心訴求重點與口號 → **03** 品牌概念 → **04** 產品概念 → **05** 企業理念 → **06** 價值訴求

圖 15-4　六大傳播概念

(八) 傳播組合

1. 品牌運作
   - 廣告（電視、報紙、廣播、電影、雜誌）。
   - 通路行銷（中／西餐廳、KTV 店、便利商店）。
   - 促銷 (SP)。
   - 事件行銷 (Event)。
   - 網路互動。
2. 公益 Campaign 運作
   - Event。
   - PR 記者會。

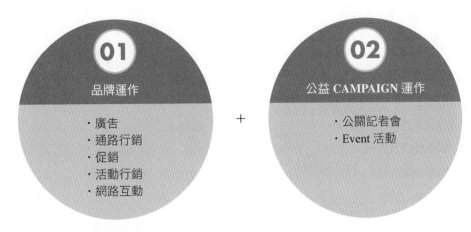

🔍 圖 15-5 傳播組合運作

(九) 創意策略與表現

· 主題口號。

· 核心 Idea。

· 創意各篇腳本（電視 CF、報紙 NP 篇、廣播 RD 篇）。

🔍 圖 15-6 創意策略與表現

(十) 通路行銷

活動目的、主題、方式廣告助成物。

(十一) Event 活動

活動名稱、目的、計畫、內容、助成物。

(十二) 網路行銷

活動目的、主題、手法、方式、視覺表現。

(十三) 公益 Campaign

活動目的、策略、傳播組合。

(十四) 媒體計畫建議

· 目前主要品牌媒體廣告已投資分析。

· 媒體廣告組合計畫。

· 媒體選擇。

· 媒體排期策略。

· 媒體執行策略。

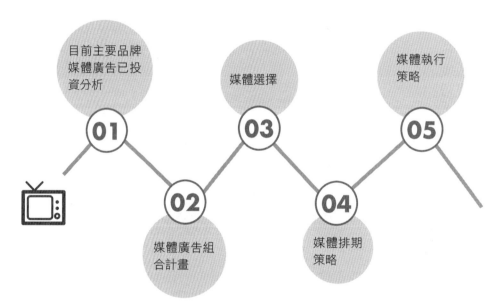

圖 15-7　媒體計畫五建議

(十五) 媒體預算分析

· 五大媒體預算。

· 通路行銷預算。

· Event 預算。

· 公益 Campaign 預算。

· 網路預算。

· CF 製作費。

- 廣告效果測試預算。
- 企劃設計費。
- 其他費用。
- 總計金額。

01 五大媒體廣告預算		**06** 廣告效果測試預算	
02 通路行銷預算		**07** 電視廣告 CF 製作預算	
03 活動 (Event) 預算		**08** 企劃案預算	
04 公益行銷預算		**09** 其他費用	
05 網路廣告預算		**10** 總預算	

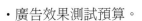
圖 15-8　預算十大項目

(十六) 整體時效計畫表

- 拍片 (CF)。
- 助成物印製。
- 五大媒體上檔。
- 通路行銷發動。
- SP 發動。
- Event 發動。
- Campaign 發動。
- 互助網路發動。
- 廣告效果測試日。

個案 2 某大廣告公司對某大「人壽保險公司」所提年度「廣宣企劃案」

(一) 市場概況

1. 今年度狀況分析。

2. 最近五年的變化

　・壽險公司的歷年知名度比較。

　・認識壽險公司的主要傳播媒介。

　・業務員最受推崇的壽險公司比較。

　・最佳推薦壽險公司比較。

3. 現況的分析研判。

(二) Target 分析

　・未投保但有投保意願的消費者（新保戶）。

　・已投保且有再投保意願的消費者（再保戶）。

(三) 競爭品牌分析

　・品牌。

　・商品命名。

　・廣告活動。

　・PR 活動。

　・教育訓練。

　・徵員訴求。

(四) 問題與機會點。

(五) 課題與解決對策

1. 課題之一：爭取 20~30 歲年輕階層的好感度

　解決對策之一：

　　・傳播。

　　・商品。

　　・PR。

2. 課題之二：提升專業感

解決對策之二：

- 徵員。
- 商品。

3. 課題之三：PR 資源整理 & 有效利用

解決對策之三：

- 傳播。
- 分眾。
- 重點化、主題化。

(六) 行銷策略

1. 行銷策略之一

策略主軸，因應四十週年，○○帶領壽險產業升級。

2. 行銷策略之二

- 第一階段行銷目標

A. 年度新契約的成長。

B. 企業形象年輕化、專業化。

- 第二階段行銷目標

A.拓展市場。

B.確立全方位理財形象。

- 第三階段行銷目標

鞏固 All No.1 之品牌地位。

3. 行銷策略之三

目標對象：新保單在哪裡。

4. 行銷策略之四

行動概念：活動、積極、全方位的壽險業領導者。

(七) 傳播策略

1. 傳播目的：企劃形象年輕化、活力化。

2. 主要目標對象：20~30 歲都會地區人口

- 獨立自主型。
- 傳播依賴型。

・精挑細選型。

3. 廣告主張：保險不再只是保險。

4. 改變認知。

(八) 創意策略與表現。

(九) 媒體策略

・電視執行策略。

・報紙執行策略。

・雜誌執行策略。

・媒體預算分配建議。

(十) 其他建議

・置入性行銷節目合作建議案。

・戶外媒體（戶外看板）建議。

・網路使用策略。

・電影院使用策略。

・廣播使用策略。

個案 3　某大廣告公司對某大「電視購物公司」「形象廣告」提案

(一) 我們的課題

- 擴大新用戶。
- 增加舊用戶再購率。

(二) 我們做了一些功課

- 消費者／未消費者質化深入訪談。
- 研究美國及韓國成功購物頻道特色。
- 親身感受（看→買→退）。

(三) 針對課題一：擴大新客戶

1. 我們的發現
   - 兩重障礙。
   - 兩個機會。
2. 創意表現。

(四) 針對課題二：增加再購率

- 停滯客戶未再向○○購物之原因。
- 現有會員的購物行為。
- 鼓勵再購策略核心。
- 創意表現。

(五) 媒體計畫與預算

(六) 其他行銷傳播建議

1. 公關作法

   點子 1：善用名人代言及推薦。

   點子 2：專題報導，創造話題。

   點子 3：以電視購物為故事的連續劇。

2. 直效行銷作法

點子 1：型錄發行普及化。

點子 2：發行人氣商品 Top 10 快報。

個案 4　某大廣告公司對客戶廣告預算的支用執行效益分析報告案

(一) ○○○廣告片 (CF)

- 媒體目標群：30~39 歲女性。
- 走期：○○月○○日～○○月○○日。
- 購買方式：檔購。
- 應有檔次為 891 檔，播出檔次 892 檔，檔次達成率 100%
- 10 秒 GRP（母評點）為 99.22。
- 換算 10 秒 CPRP（千人成本）值為 9,319元。
- GRP 之 Prime Time（主時段）比為 51%。

(二) ○○○廣告片

- 媒體目標群：30~39 歲女性。
- 走期：○○月○○日～○○月○○日。
- 購買方式：檔購。
- 應有檔次為 1,209 檔，播出次 1,234 檔，檔次達成率 100%。
- 10 秒 GRP 為 170。
- 換算 10 秒 CPRP 值為 7,280 元。
- GRP 之 Prime Time 比率為 58%。

(三) 今年度上半年廣告預算執行狀況

- 電視預算：東森、三立、中天、TVBS、八大、年代、緯來、衛視。
- 廣播預算：飛碟、News89.3、中廣流行網、台北之音。
- 報紙預算：《中時》、《聯合》、《自由》、《民生》、《大成》、《蘋果》。
- 雜誌預算：《時報周刊》、《TVBS 周刊》、《美麗佳人》、VOGUE、ELLE、《儂儂》、Bazaar。
- 網站：Yahoo!奇摩。
- 簡訊：中華電信、台灣大哥大。

個案 5 新上市的化妝保養品牌「廣告提案」

(一) ○○源自法國，因為○○，臺灣消費者得以享受到平價的高級保養品。

(二) 目標對象

- 30~45 歲熟齡女性。
- 大專以上程度的家庭主婦及白領上班族。
- 家庭月收入 10 萬元以上。
- 注重生活品質，關心自我保養。

(三) 她們為什麼會相信○○？她們如何面對使用○○的社會評價？

(四) ○○要帶給女人什麼？

(五) 什麼是下一代保養品的新浪潮？

(六) 幸福觸感。

(七) 30 歲女人→青春不再的危機→自發性的內在對話→由內而外的美麗。

(八) 誰能說服她們？誰是她們追隨的典範？

(九) 歷經歲月的美女，被寵愛，被呵護，被尊重，幸福的女人。

(十) ○○上市的兩大系列→深海活妍及草本效能。

(十一) 深海活妍系列→代言人張艾嘉；深海活妍的幸福觸感→透明光采。

(十二) 草本效能系列→代言人鍾楚紅；草本效能的幸福觸感→回復柔潤緊緻。

(十三) 創意概念，徹底舒壓，喚醒肌膚自我修護能力，回復原有的潤澤緊緻。

個案 6　某廣告公司對某「型錄購物」公司的「廣告提案」企劃案

(一) 引言

因為○○電視購物頻道成功，臺灣在家購物市場逐漸成長，帶動○○型錄購物機會被看好。

(二) 策略思考

‧○○電視購物頻道成功關鍵。

‧○○購物品牌核心價值：○○嚴選。

‧○○嚴選的意義：從消費者角度建立一種品質信賴。

‧型錄定位：嚴選、方便、豐富→精品百貨就在你家。

(三) 界定課題

1. 引爆臺灣一場主婦在家購物的革命。

2. ○○購物型錄品牌，不是貴的問題，而是質的問題。

3. 我們的消費者

‧女性消費者分為四群：（年 E-ICP 生活型研究）

A. 時髦拜金女。

B. 純樸小婦人。

C. 精明巧佳人。

D. 時尚貴婦人。

‧目前的消費者輪廓：

A. 80% 女性。

B. 25~39 歲占 65%。

C. 高中職及大專程度以上占 83%。

D. 家庭主婦及白領占 61%。

E. 家庭月入 3~9 萬元占 57%。

(四) 廣告溝通策略

你也可以做個 Smart with style 主婦。

(五) 代言人建議方向

- 具知名度。
- 具親和力,與消費者沒有距離。
- 主婦身分。
- 本身具有 Smart with style 形象。

(六) 創意表現

- TVC。
- Print（平面）。
- Outdoor（戶外媒體）。
- Bus（公車廣告）。
- Taxi（計程車廣告）。
- MRT（捷運廣告）。

(七) TVC（電視廣告）

- 現代巧婦篇。
- 精挑細選篇。

(八) 媒體計畫 & 其他行銷建議

- 25~44 歲女性媒體,接觸行為摘要。
- 媒體策略。
- 電視媒體執行建議（無線+有線電視）。

Chapter 16

廣告企劃案
長篇個案

16-1 東森電視購物：品牌形象廣告企劃案（實際案例）

一、東森嚴選宣傳歷程

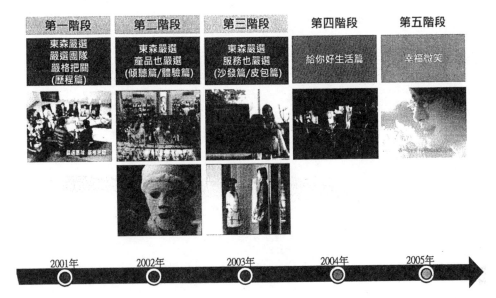

二、東森購物好好篇

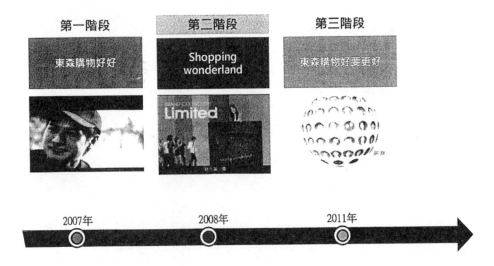

三、東森購物通路篇

四、影片播放：給媽媽最好的禮物

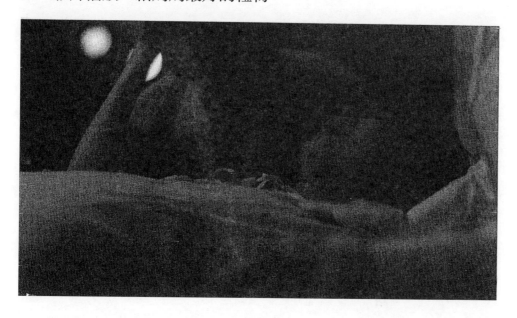

五、○○年度宣傳目的

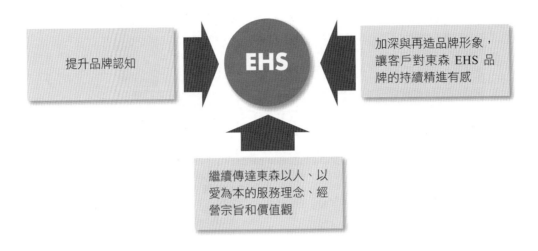

六、主要溝通對象

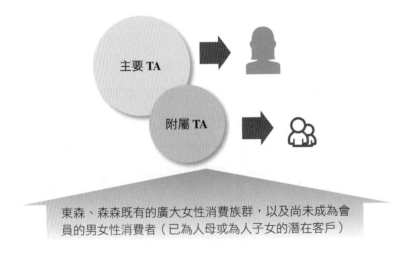

七、執行方向

(一) 透過母親節這個重要、也具有購物、送禮需求背景的全民節日為行銷基礎，首波以形象廣告的形式，繼續與往常略為不同的行銷方式，開始與我們的客戶溝通、對話、並重新建立起情感的連結（例如：英國零售業品牌 John Lewis 每年度的壓軸行銷形象廣告是建立於聖誕節這個西方的傳統購物，送禮需求、圍繞著愛、關懷、感謝、分享、回饋等情感議題的重大節日）。

(二) 形象廣告中不使用知名代言人，也未強打「母親節」或是「祝母親節快樂」概念，而是強調家庭、親子之間以「愛」為出發點的關懷與陪伴，影片中的玩具熊亦代表了「愛」的「延續和傳承」，並不完全侷限於母親節，這能協助拉長對外行銷品牌的週期。因為母親對家人無私的付出了一輩子的愛與關懷，所以天天都可以過母親節。

(三) 這類型以愛與關懷為主軸的形象廣告，除了對內有助於凝聚員工向心力，對外更能展示東森的社會責任感、塑造企業形象，也最容易讓客戶對品牌訴求產生共鳴和關聯性，並增加情感的連結以博取客戶對我們品牌價值的贊同與支持。這種品牌行銷的操作方式是優先進入市場，並已成為成熟、有知名度的品牌才有的優勢，我們應善加利用。

(四) 結合內部資源：除了部分重要演員為外包，音樂配樂與編排為外部資源外，本次形象廣告依照○總經理要求，完全利用內部資源製作。

(五) 製作的 CF 除了在東森購物臺 34 以及 47 頻道全日排表播放外，也會於 5/01~5/03 期間，將 50 秒版本在各大有線電視新聞臺播出，以及 5/04~5/10 期間於各大電視臺播出 30 秒版本。同時將影片上傳 YouTube、優酷、土豆，透過與網路部、網路廣告代理以及 ETtoday 的合作，利用社群工具如 FB、型錄與大樓外牆海報的 QR code 來提升影片的點閱率與形象廣告的擴散率。

(六) 五月分的形象廣告將成為我們 2015 年度 Project 11 的第一波形象行銷廣告。至年底 Project 11 前，我們將於本週結合相關同仁，包含網路部、關係企業 ETtoday、新立方的同仁，討論下一波的執行計畫。

八、核心訊息

我們的「陪伴」就是送給媽媽最好的禮物

| 愛 | ·除了透過愛的訊息強調花時間與心思給予媽媽（或是所愛的家人），我們的陪伴才是最好的禮物。 |

| 陪伴 | ·意味著東森購物是臺灣無店面全通路購物的開山始祖，16年以來，我們一直「陪伴」著我們的客戶，一路走來，始終如一。 |

| 人生夥伴 | ·未來東森也將一直會是能滿足客戶生活購物需求，人生的好夥伴。 |

| 最好的禮物 | ·為了不要使這次形象廣告太商業化，但亦不失零售業本質，我們巧妙的運用「最好的禮物」來讓廣告的核心訊息與東森購物的零售本業做了潛意識的連結。除了過去16年間一路陪伴，服務著您之外，也是購買禮物的好選擇。 |

九、製作費用

（新臺幣：元）

燈光師 lighting engineer	（原價）第 1 天 2 班，3 天共 4 班	20,000
	（折讓）燈光師贊助拍攝計畫 No charge	-20,000
	（實際）	0
演員 talent	（原價）21 位演員	151,488
	（折讓）3 位演員，共 5 班 No charge	-25,000
	（實際）	126,488
造型服裝／梳妝 makeup		27,000
人員總計	原價	198,488
	折讓	-45,000
	實際	153,488
外景 locate hunt	計程車資	1,220
燈光 lighting	（原價）租借燈光器材 3 天	15,000
	（折讓）燈光設備 33.33% off	-5,000
	（實際）	10,000
租借服裝	21 角色	25,000
輔助機具 grip	（原價）租用軌道／搖臂／攝影機器材 3 天	32,550
	（折讓）15.3% off	-4,988
	（實際）	27,563
運輸 transportation	租車載運器材 2 天	3,725
場景道具 set/prop	（原價）場地／陳設／道具	42,203
	（折讓）主場景 3 天 No charge，學校／醫院 50% off	-24,000
	（實際）	18,203
餐飲 meals	3 天拍攝，每天 12-23 人	13,376
拍片總計	原價	133,074
	折讓	-33,988
	實際	99,087
聲音 sound	作曲／配樂／配音	100,000

本期總計	原價	100,000
	折讓	0
	實際	100,000
	原價	431,562
	折讓	-78,988
	實際	352,575

十、電視媒體宣傳規劃

鎖定收視族群：30~44 歲女性

素材秒數：60 秒 & 30 秒

走期（播出期間）：5/1~5/10

執行需求：5/1~5/3（50 秒檔購），5/4~5/10（30 秒 CPRP）

十一、電視媒體策略

以有限的廣告資源，
在完整度以及擴散度取決最大廣告效益與平衡

檔購

50 秒廣告宣傳
完整傳遞品牌形象

CPRP

30 秒素材曝光
衝高檔次露出

十二、全案媒體規劃

東森購物_電視媒體執行說明

商品名稱	東森購物
素材名稱	50 秒（檔次購買）、30 秒（CPRP 購買）
媒體走期	5/1-5/3（檔次購買）、5/4-5/10（CPRP 購買）
媒體預算	6,700,000（含稅）
檔購檔次/50"	203 檔
CPRP 購買 GRPs/30"	205 GRPs/30"
數字 媒體執行效益	
預估檔次/30"	800 檔以上
主時段 18-24+12-14 GRPs 占比 (60%)	123/30" GRPs
支數 GRPs 占比（首、二、尾、尾二 60%）	123/30" GRPs
全案效益預估	
Reach%（觸及率）	60%
Ave. Frequency（平均頻率次數）	3~4 次

十三、平面設計示意

我們的陪伴
就是送給媽媽最好的禮物

EHS 東森購物
www.etmall.com.tw

電視購物　網路　APP　型錄

向客戶宣傳東森購物 EHS 的新 CI

與 CF 一致的平面視覺宣傳與核心訊息

提供 QR Code 方便客戶掃描導入 YouTube

除了向客戶行銷購物網站外，也特別強調東森通路的完整

十四、大樓外牆設計示意

十五、社群效益－**YouTube**

十六、社群效益

媒體	走期	曝光次數	觀看人數（至 5/3 止）	Clicks（至 5/3 止）	平均點擊率	備 註
YouTube	4/28-5/10	231,665	59,368	1,398	0.60%	CTR 表現得比預估值好，通常預估會在 0.2%-0.3% 之間。
優酷／土豆	4/28-5/10	30,096	30,096	626	2.08%	優酷／土豆是無法略過，因此每曝光 1 次就代表保證完整觀看，所以它的曝光就等於觀看人次。

十七、結論與建議

　　品牌形象的建立是透過無數來自客戶好的評價與正面聲浪的堆疊，需要不間斷的入注資源，持續做，用心做，隨著營運目標與方向演化，且精益求精。

　　未來類似的形象廣告，不管是利用節慶或是行銷活動為主題，我們必須一直持續並有計畫、目的地做下去，當競爭業者大打他們的品牌時，我們亦絕對不能缺席，但是我們要走出適合東森的路。

　　目前的影片拍攝以及編導小組像是游擊部隊，執行工作的硬體與資源缺乏，雖然短期如此規劃暫可行，但絕非長期正規之計。

　　建議將今年度執行的成效和經驗值，在年底做一個完整的評估與檢視、以利明年度編列預算，以及制定行銷計畫時，可以用更全盤的思維來規劃整年度的目標，以及該如何調整現有的人力資源、行政資源、人才分配、硬體設備等事宜，以讓團隊能在最佳狀態下，發揮最大的效益。

16-2　廣告公司對某郵政公司的廣告提案

郵政業務推廣

創意策略

❏關於 [資深品牌] 這件事

這些年，

所有的公營的品牌都在邀請人們回憶說

我們有多老／對你有多好 ...

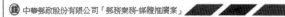

創意策略

❏關於 [品牌競爭] 這件事

這些年，

所有的競爭對手卻正在用

[主動出擊,使命必達] 的速度超越我們

不等我們去回憶 …

中華郵政股份有限公司「郵務業務-媒體推廣案」

創意策略

❏關於 [品牌溝通] 這件事

是要用老朋友的身分來溫存回憶？

還是要以很麻吉的角度來刷新感覺？

中華郵政股份有限公司「郵務業務-媒體推廣案」

創意總體戰略

Old friend , new feel

為郵局創造 老朋友，新感覺 的印象

 讓資深世代覺得 [還是郵局好]

讓年輕世代也覺得 [郵局也不錯]

中華郵政股份有限公司「郵務業務-媒體推廣案」

創意概念

凝聚一個概念，雙重意義

❶品牌與顧客的關係

❷快速達配的服務特色

中華郵政股份有限公司「郵務業務-媒體推廣案」

創意概念

凝聚一個概念，雙重意義

❶品牌與顧客的關係
❷快速達配的服務特色

中華郵政股份有限公司「郵務業務-媒體推廣案」

創意概念

中華郵政股份有限公司「郵務業務-媒體推廣案」

BRANDING

向上連結品牌

用[速配]訴求談郵局品牌與顧客的關係：[甲你速配]

速配每一天

SERVICE

向下連結服務

用[速配]訴求三大郵務的[快速配達]承諾

中華郵政股份有限公司「郵務業務-媒體推廣案」

95.8.29
東森公關
EASTERN PUBLIC
RELATION CO.

品牌廣告運用

360°全心服務

速配每一天

中華郵政股份有限公司「郵務業務-媒體推廣案」

95.8.29
東森公關
EASTERN PUBLIC
RELATION CO.

電視廣告表現

中華郵政股份有限公司「郵務業務-媒體推廣案」

表現手法

Song + MTV

- 一首琅琅上口的歌
- 一場現代感的視覺
- 一次刷新郵局印象

中華郵政股份有限公司「郵務業務-媒體推廣案」

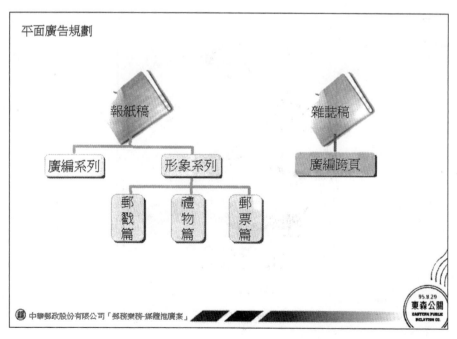

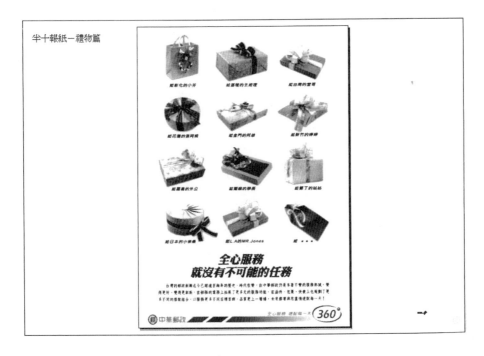

便利箱(袋)行銷規劃

中華郵政股份有限公司「郵務業務-媒體推廣案」

表現手法

BAG is the beauty

- 將新商品極大化呈現
- 讓新商品本身就是美感
- 讓新商品的服務內容被清楚的看見

中華郵政股份有限公司「郵務業務-媒體推廣案」

創意主軸-服務訴求

品牌精神

幸福之鴿　便利達配

- 【幸福之鴿】能充分傳遞品牌精神與商品屬性

- 【幸福之鴿】為商品之主視覺，設計優雅

- 【便利達配】充分表達商品特性與消費利益

- 電視廣告影片及廣播廣告業已完成，可運用【幸福之鴿　便利達配】

　為創意主軸，整合整體傳播資源，發揮加乘效果

中華郵政股份有限公司「郵務業務-媒體推廣案」

文案表現

速配每一天

幸福直達你身邊

中華郵政股份有限公司「郵務業務-媒體推廣案」

平面廣告表現

平面廣告規劃

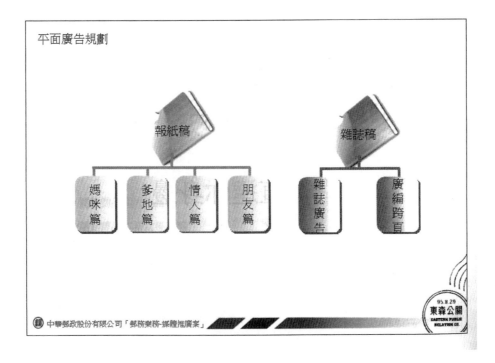

半十報紙—媽咪篇

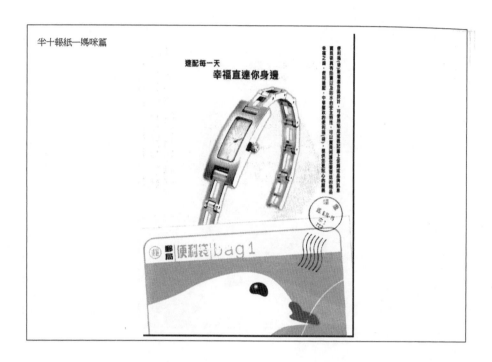

半十報紙—爹地篇

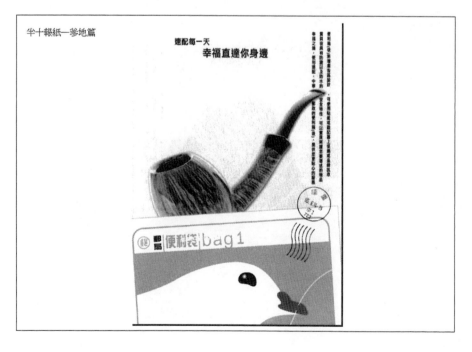

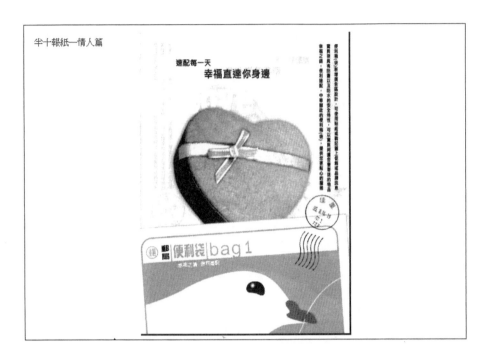

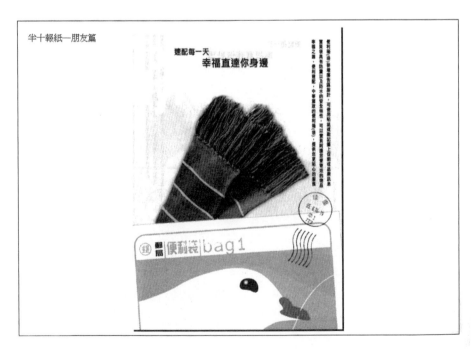

戶外廣告—捷運車廂

中華郵政股份有限公司「郵務業務-媒體推廣案」

廣告建議—郵政大樓外牆

建議利用自有辦公大樓外牆進行廣告刊登擴大效益

中華郵政股份有限公司「郵務業務-媒體推廣案」

廣告建議—人形立牌

建議運用人型立牌進行訊息釋放，延續廣告效益

中華郵政股份有限公司「郵務業務-媒體推廣案」

廣告建議—營業窗口

建議設置小型立牌於營業窗口進行訊息釋放強化效益

中華郵政股份有限公司「郵務業務-媒體推廣案」

廣告建議─燈箱

建議將服務訊息設置於自有的燈箱廣告擴大效益

中華郵政股份有限公司「郵務業務-媒體推廣案」

促銷活動建議規劃

中華郵政股份有限公司「郵務業務-媒體推廣案」

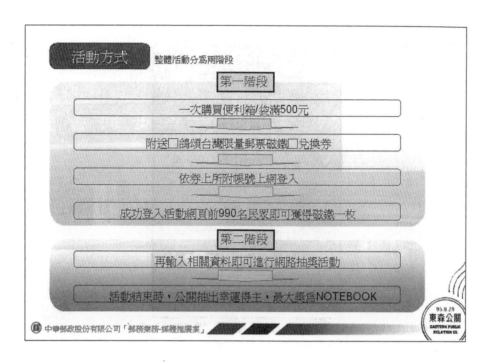

促銷品規劃—活動海報

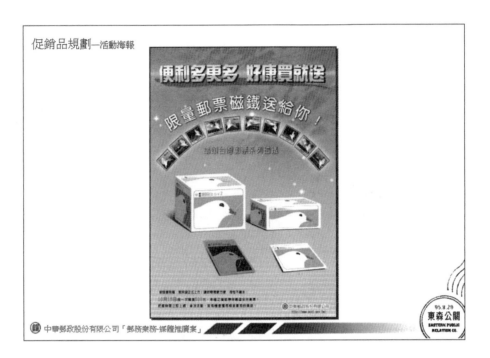

促銷品規劃—活動旗幟

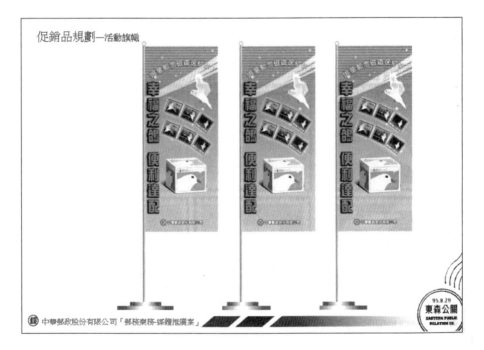

16-3 東森房屋的廣告提案

　　為讓讀者對電視廣告提案過程有一個確切了解，本文以○○房屋仲介廣告為實例說明之。

一、各房仲品牌傳播訴求

品牌	支持點	主　張
1. 信義	信任、四大保障	信任帶來新幸福
2. 永慶	20 週年真實案例故事 網路功能與服務（超級宅速配）	因為永慶更加圓滿 家的夢想就在眼前
3. 太平洋	20 年與時並進的服務	最久最好的朋友
4. 住商	責任感（顧客服務最優先）	有心最要緊（你希望的家，安心交給我）
5. 有巢氏	社區深耕熱心	你家的事，我們的事
6. 中信	大小關鍵都嚴謹 無微不至的服務	用心

二、競爭者觀察

要如何觀察競爭者呢？有以下觀察要點，包括：1. 持續溝通一個廣告訴求，在消費者心中累積印象；2. 二大品牌（信義、永慶），占住品類訴求（成家的幸福）；3. 其他品牌（住商、中信、有巢）談人員服務尋求差異性，以及 4. 廣告手法以平實、生活題材為主者，具信賴感。而過去一些誇張特效超寫實的廣告表現已不復見，多打感性、溫馨牌。

三、廣告目標及策略思考點

〇〇房屋仲介公司的廣告目標，要讓該公司成為令人尊敬及感動的領導品牌。而策略思考點方面有以下四點，包括：1. 專注在買賣房屋的行為；2. 跟其他競爭品牌有差異的，別家沒有講的；3. 對買賣雙方都有利的，及 4. 一個可以長久經營的廣告主張。

四、廣告主張及其製作

房屋仲介公司的廣告主張如下：首先是沒有賣不掉的房子，因為找了不會賣的人；再來是強調〇〇房屋仲介公司是買賣房屋的專家；其主張是因為該公司了解買賣的需求，因此看見房子的真價值。有了上述明確的廣告主張後，接著要進行的是廣告故事大綱的擬定、廣告分鏡腳本的撰寫、廣告主角的挑選，以及廣告拍攝時程表的規劃等事項。

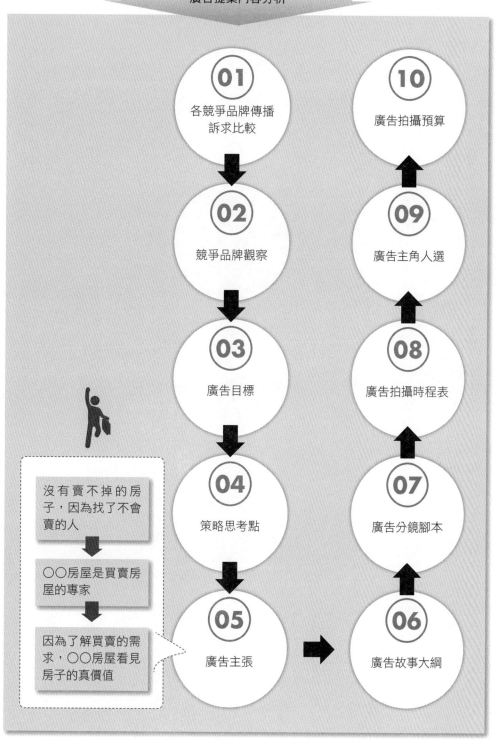

廣告提案內容分析

01 各競爭品牌傳播訴求比較

02 競爭品牌觀察

03 廣告目標

04 策略思考點

05 廣告主張

06 廣告故事大綱

07 廣告分鏡腳本

08 廣告拍攝時程表

09 廣告主角人選

10 廣告拍攝預算

沒有賣不掉的房子，因為找了不會賣的人

○○房屋是買賣房屋的專家

因為了解買賣的需求，○○房屋看見房子的真價值

Chapter **17**

媒體企劃與
購買實務

17-1 媒體企劃與媒體購買的意義及媒體代理商存在的原因

一、媒體企劃的意義

(一) Media Planning：「係指媒體代理商依照廠商的行銷預算，規劃出最適當的媒體組合 (Media-Mix)，以有效達成廠商的行銷目標；為廠商創造最大的媒體效益；此謂之媒體企劃。」

(二) 行銷預算→規劃有效果的媒體組合→展開執行→達成行銷目標。

二、「媒體購買」的意義

(一) Media Buying：「此係媒體代理商依照廠商所同意的媒體企劃，以最優惠的價格向各媒體公司（例如：電視臺、報紙、雜誌、廣播、戶外、網路公司等），購置好所欲刊播的日期、時段、節目、版面、次數及規格等。」

(二) 廠商行銷預算→交給媒體代理做媒體企劃及媒體購買→向各種媒體公司購買時段及版面，以刊播廣告出來。

三、媒體代理商存在的原因

(一) 媒體代理商因為具有集中代理較大廣告量的優勢條件，因此可以向各媒體公司取得較優惠的廣告刊播價格。

(二) 如果是廠商自己去刊播，則必會花費更大的成本；故廠商大都透過媒體代理商代為處理媒體購買及刊播這一類的事項。

(三) 媒體採購量大→有議價、殺價優勢→取得較低的廣告價錢。

(四) 廠商廣告主→直接向各種媒體公司購買版面、時段→較貴、成本較高。

(五) 廠商廣告主→透過媒體代理商購買→各種媒體公司→成本較低、較便宜。

四、主要媒體代理商（**13** 家代表）

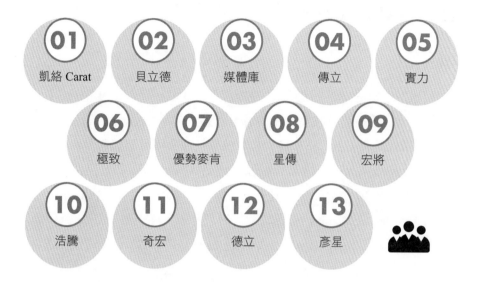

五、廠商為何需要「媒體代理商」的兩大原因

品牌廠商在投放廣告宣傳時，為何總要透過媒體代理商，而不能自己去接觸各種媒體公司呢？主要有下列兩大原因：

(一) 可以降低採購媒體成本：相較於中小企業，甚至大企業裡的媒體採購部門，大規模廣告公司及媒體購買公司可產生一定的規模經濟降低購買成本，對廣告版面及時段集中資源和規模性購買，例如：獨家代理、優先代理、買斷經營等方式介入媒體平臺，為客戶提供有折扣、較優惠的媒體組合。

(二) 擁有專業的分析工具及分析團隊：媒體公司通常擁有專業的分析團隊，並擁有大量的第一手訊息，包括競爭對手的資料，TA 的消費行為與態度等等，可運用大量的媒體資料和訊息進行更縝密的分析，為客戶規劃更全面、分工更細緻的媒體採購一條龍，也較能以客觀的角度擬定媒體策略，以最小資源爭取最大回報。

17-2 媒體企劃及購買人員之職掌

一、Buyer

是媒代重要的核心支柱、賺錢的主要部門。Buyer 顧名思義就是負責「購買媒體的人」，但是媒體要怎麼買才有最大效益？怎麼知道花多少預算可以得到多少效果？這就是要由 Buyer 來負責計算成效，並且與媒體談判爭取用合理的價格，買到最大的效益。而一個購買團隊 (Buyer Team) 會有二～三個編組，分別是 TV Buyer 組、平面 Buyer 組、有些公司會有數位部門 (Digital Buyer)，但大部分沒有，因為 Digital Media 不會買的話，幾乎就無法寫企劃案 (Plan)，所以數位的 Plan 跟 Buy 幾乎是由 Planner 自己完成，簡稱「P+B」，以下來說明 Buyer 的工作。

(一) TV Buyer

主要負責的就是電視廣告的時段購買、節目內容置入專案或檔購的購買，這需要清楚的數學計算頭腦及溝通能力，為何需要數學的計算呢？因為每次的電視採購都要先設定好 TA 資料及想投放的時段，然後再加上電視臺提供的 CPRP 價格，在客戶的預算限制下，試算出二至三個方案提供給客戶，為什麼要這麼多個方案呢？因為客戶會有指定想露出的電視頻道，像有的要新聞頻道多一點、有的運動頻道多一點、有的戲劇頻道多一點……；但是每個頻道的 CPRP 售價不同，客戶預算又固定，那只能在固定範圍內試算出多個版本，或是用加入檔購的方式，來看看可以做到多少觸點 (Reach)……，這都是 TV Buyer 的工作。至於溝通能力的需求，是因為採購這個工作就是要去談出 CP 值最高的價錢，所以常常會看到 Buyer 們天天在跟電視臺業務們講電話，就是這個原因；另外還有一個原因是電視廣告的報表是日報表，每天早上都要看前一天的成效是否有達成，每日的曝光數是否有足量，如果沒有，就要當天安排補檔的時段，這也是要跟電視臺業務去調整，而調配這些細節時，TV Buyer 往往充滿火氣的對著電話大吼，因為不搶的話，補檔的時段可能就沒有了，所以上午的工作時段，TV Buyer 一直是很精神緊繃的，約他們開會的話，下午會比較容易。

(二) 平面 Buyer

負責的就是雜誌報紙等平面刊物的廣告採購，另外還有各種戶外媒體採購也是平面 Buyer 的工作，像是捷運車廂廣告、月臺燈箱廣告、計程車裡的小電視、美食街的螢幕廣告、百貨公司的外牆螢幕、高鐵站內的展示空間……也都是算在平面 Buyer 的工作範圍，所以平面 Buyer 除了議價之外的另一項技能，就是對各種製作物的尺寸、材質、影片規格，都需了解，有時候會覺得他們就是一間製作公司了。

二、Planner

「Planner」為什麼會這樣稱呼的原因，是因為媒體代理商的提案，幾乎都是可執行的規劃與建議，要提出媒體購買的策略、建議可使用的媒體及管道有哪些？預算的分配占比是多少？預估可達成的效益是什麼？一切可量化的成效數據，都要在提案裡提出來，所以「Planner」是很適當的稱呼。

而一個好的 Planner，他的腦中時常會記得多種媒體的版位長相、價格、大致的成效數據；舉例像臺北市信義區有幾面熱門的戶外看板、哪個網站的廣告購買方式有幾種、某家電視臺的新聞頻道 CPRP 是多少錢……等。

另外，身為一個 Planner 要善用市調系統。外商媒體公司每年都會花重金購買多套市調系統，最主要的有 AC Nielsen 的收視率調查系統、消費者 Life Index 調查系統、comScore 網路使用調查系統、Social Listen 系統、東方線上消費者調查報告……等，這些系統及調查報告，一年大概就要花 200 萬的授權使用費，所以學會使用、看懂、分析這些數據，是一個 Planner 一定要具備的基本能力。

17-3　媒體代理商的任務、媒體企劃步驟及內容項目

一、媒體代理商三大任務

(一) 媒體企劃 (Media Planning)。

(二) 媒體購買 (Media Buying)。

(三) 媒體研究 (Media Research)。

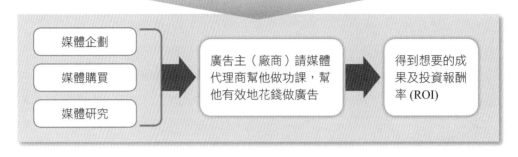

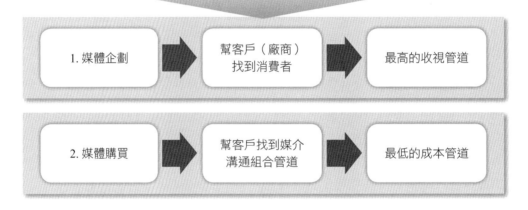

二、媒體企劃規劃的六步驟

(一) 蒐集基礎資料（產品及市場）。　(四) 決定媒體策略及媒體分配。

(二) 訂定媒體目標及目的。　　　　(五) 編制媒體預算分配表。

(三) 考量目標視聽眾 (TA)。　　　　(六) 安排媒體排期（Cue 表）。

三、媒體策略的八大考量

(一) 各媒體選擇 (Choice)。　　　　(五) 觸及率及頻次策略。

(二) 媒體組合 (Mix)。　　　　　　(六) 產品生命週期 (PLC)。

(三) 媒體比重 (Ratio)。　　　　　(七) 有效傳達廣告訊息。

(四) 媒體創意 (Invention)。　　　　(八) 有效擊中目標對象。

四、媒體研究的七大工作

(一) 研究媒體概況（傳統媒體及新媒體）。

(二) 研究消費者樣貌、輪廓及媒體行為。

(三) 研究產業經濟與市場狀況。

(四) 研究市場競品媒體策略。

(五) 觸及率及頻次策略。

(六) 支援媒體企劃部門。

(七) 幫助客戶釐清行銷問題與方向。

五、媒體企劃人員的工作與專業

(一) 研究消費者及研究產品：這個產品的目標消費群是誰？幾歲？幾點在做什麼事？消費能力如何？在哪裡買這個商品？自己買嗎？決定買的因素為何？一次買多少？多少價格才會買？是否經常換品牌？經常接觸什麼媒體？產品的現況為何？

(二) 研究媒體：各媒體的收視率多少？閱讀率多少？點閱率多少？收視群是誰？男女比例多少？每天收視次數多少？在哪個區域？閱聽人希望獲得什麼資訊？在哪些時間收看？工作性質為何？哪些天是收看的高峰期？

六、對媒體購買的要求：Cost Down

廠商客戶→永遠追求市場媒體最低價格→Cost Down（降低成本）→才算成功的媒體購買！

七、電視廣告購買企劃案撰寫項目

01
本案目標

02
競爭（競爭對手）播放量分析

03
本案預算

04
各類型電視頻道收視率表現統計分析

05
此次購買頻道類型占比分析

06
本案 TA（目標消費族群）

07
此次購買頻道及節目分析

08
預計達成效益：GRP 目標數、Reach 百分比、Frequency 次數

09
各頻道預算配置金額及占比

10
播放廣告的期間及日期起迄日

11
播放波段的策略

12
其他項目

17-4　媒體企劃的過程概述

一、媒體企劃的過程概述（之一）

如圖 18-1 所示，媒體企劃 (Media Planning) 的過程，大致有四個步驟，如下述：

(一) 基本資料蒐集及分析

媒體企劃人員 (Media Planner) 要蒐集下列基本資料，才能進行媒體企劃案撰寫，包括：

1. 了解競爭對手的媒體策略及媒體投放量多少。
2. 了解廣告產品的市場行銷現況。
3. 了解廣告表現的策略。
4. 了解媒體市場的變化。

5. 了解客戶端的行銷策略與此次廣告目標。

6. 了解客戶端此次的廣告預算。

(二) 策訂媒體目標

第二步驟，即要做到：

1. 策訂此次廣告的媒體目的與任務。

2. 設定此次廣告的訴求目標對象。

(三) 訂定詳細的媒體策略與企劃內容

第三步驟，主要為做好媒體企劃的細節內容，包括：

1. 各種媒體的選擇、媒體組合 (Media Mix)、與各媒體配置占比。

2. 各種媒體個別的預算多少？

3. 各種媒體播出的節目、版面、時段及排期。

(四) 媒體效益預估

第四步驟，主要是針對各種媒體的效益預估，包括：有形效益及無形效益。

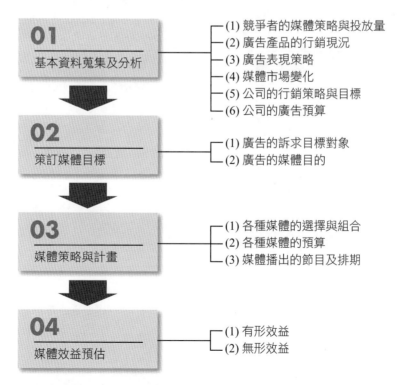

01 基本資料蒐集及分析
- (1) 競爭者的媒體策略與投放量
- (2) 廣告產品的行銷現況
- (3) 廣告表現策略
- (4) 媒體市場變化
- (5) 公司的行銷策略與目標
- (6) 公司的廣告預算

02 策訂媒體目標
- (1) 廣告的訴求目標對象
- (2) 廣告的媒體目的

03 媒體策略與計畫
- (1) 各種媒體的選擇與組合
- (2) 各種媒體的預算
- (3) 媒體播出的節目及排期

04 媒體效益預估
- (1) 有形效益
- (2) 無形效益

圖 17-1 媒體企劃的四步驟（之一）

二、媒體企劃的過程概述（之二）

如下圖所示，另外，媒體企劃流程也可以圖示如下九個步驟，其內容與前述之一大致類似，但也可供為參考之用：

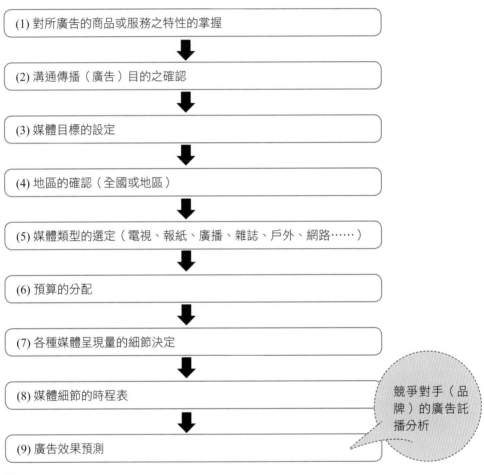

(1) 對所廣告的商品或服務之特性的掌握

(2) 溝通傳播（廣告）目的之確認

(3) 媒體目標的設定

(4) 地區的確認（全國或地區）

(5) 媒體類型的選定（電視、報紙、廣播、雜誌、戶外、網路……）

(6) 預算的分配

(7) 各種媒體呈現量的細節決定

(8) 媒體細節的時程表

(9) 廣告效果預測

競爭對手（品牌）的廣告託播分析

🔒🔍 圖 17-2　媒體企劃的過程概述（之二）

17-5 Media Planner 及 Buyer 的工作內容及工作人員特質

一、Media Planner 的意義

媒體企劃人員 (Media Planner)，即是：「運用策略規劃及媒體分析能力，依照客戶的預算及商品特性，提供最適合的媒體組合方案，讓客戶的廣告訊息，能接觸到最多目標族群，以達到最大的廣告效益。」

二、Media Planner 的工作內容

媒體企劃人員的工作內容，主要有下列三項：

(一) 了解客戶

1. 了解媒體需求。
2. 了解品牌與產品特色。
3. 了解預算分配。

(二) 蒐集彙整資訊

蒐集消費者媒體使用行為、市場、環境趨勢、最新媒體狀況、研究工具分析數據。

(三) 媒體組合提案

清楚知道自己的媒體策略、有限的預算，創造最大的效益。

圖 17-3 Media Planner 的三大工作內容

三、Media Buyer 的工作內容

媒體購買人員 (Media Buyer) 的工作內容，主要有下列四項：

(一) 資訊蒐集

1. 媒體價格。
2. 媒體特性。
3. 建立人脈關係。

(二) 媒體提案

提出媒體創意、媒體組合與運用方式。

(三) 採買執行

1. 媒體版面、時段採買。
2. 將廣告素材提供給媒體。

(四) 監督追蹤

1. 確認刊播狀況。
2. 追蹤廣告成效。

圖 17-4　Media Buyer 的四大工作內容

四、媒體企劃與媒體購買人員應具備之特質

(一) 耐心與細心

平時要蒐集、整理大量的數據資料，並以敏銳的洞察力，將資料分析判斷，變成有用的資訊。

(二) 創新與應變能力

在變動的市場環境中，要能為各式各樣的企業品牌，持續想出創新的媒體創意，媒體運用的與時俱進及創新、應變能力也不可缺少。

(三) 邏輯思考能力

在每一次的媒體研究中，要清楚了解自己需要什麼、獲得的方法、調查的方向，才能得到正確的分析結果。

(四) 溝通的技巧

充分掌握客戶沒說出口的需求，讓雙方達成策略上的共識。遇有不同見解時，可以利用客觀數據及資料，來說服客戶。

(五) 學習能力強

能大量吸收各種專業知識，媒體的特性及功能，觀察市場動態，並深入了解消費者的想法及行為，為客戶規劃出有效、全面的媒體企劃。對市場趨勢敏感，擁有專業的分析及整合力，熟悉統計及企劃的工具，才能在企劃領域中，持續深耕，提升自己的專業性。

圖 17-5 媒體企劃與媒體購買人員應具備之特質

17-6 媒體企劃與購買作業流程說明（貝立德模式）

依據圖 17-6 所示的貝立德媒體代理商所做的媒體購買作業流程，如下述：

一、廣告主

廣告主（客戶）必須先告知廣告公司及媒體代理商下列事項：

(一) 商品特性。

(二) 商品訴求。

(三) 銷售對象。

(四) 行銷目標。

(五) 預算多少。

(六) 廣告期間。

二、廣告公司

廣告公司創意人員做好創意提案，並委外製作公司拍攝好電視廣告片；拍完之後，就必須將帶子交給媒體代理商，準備播出。

三、媒體企劃 (Media Planner)

此時，媒體企劃人員依據廣告主的需求條件，必須做好：

(一) 媒體策略的發展。

(二) 媒體目標的訂定。

(三) 媒體企劃案提出。

四、媒體購買 (Media Buyer)

媒體企劃案得到廣告主同意之後，接著就要進行媒體購買，如下工作：

(一) 對媒體環境掌握。

(二) 展開媒體價格洽談。

(三) 安排 Cue 表排定（註：Cue 表係指廣告播出時程表）。

(四) 盡力達成媒體目標與任務。

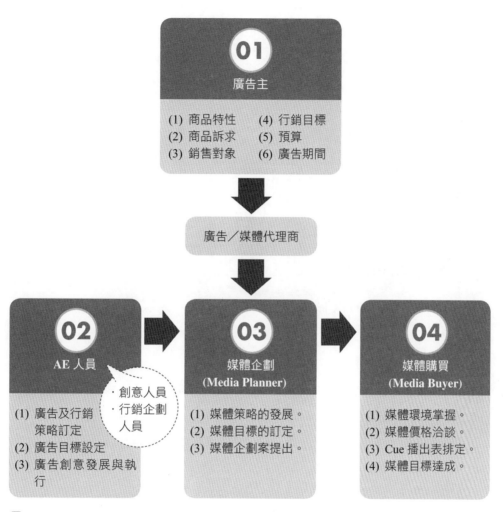

🔍 圖 17-6 　媒體購買作業流程（貝立德媒體公司案例）

17-7 媒體組合的意義及變化趨勢

一、為何要有「媒體組合」

(一) 單一媒體→觸擊的目標消費群，可能會有一些侷限性。

(二) 組合媒體運用→觸及到更好的目標 TA，傳播溝通效果可能會較佳。

二、媒體組合 (Media Mix) 配比概念

(一) 全方位媒體配比比例

　　Ex：電視 60%、網路20%、報紙 5%、雜誌 5%、廣播 5%、戶外 5%。

(二) 單一媒體配比比例（例如：只做電視廣告）。

　　Ex：新聞臺 40%、綜合臺 40%、國片臺 10%、洋片臺 10%。

(三) 單一媒體配比比例（例如：報紙）。

　　Ex：蘋果日報 80%，聯合報 10%，中國時報 10%。

(四) 單一媒體配比比例（例如：財經雜誌）。

　　Ex：商業周刊 60%，天下 20%，今周刊 20%。

三、媒體組合配比意義

(一) 配比愈多的媒體→表示該媒體的重要性就更高，要花多一些費用在該媒體。

(二) 配比愈小的媒體→表示該媒體的重要性就更低。

四、近來「媒體組合」的占比改變趨勢如何

(一) 電視媒體：占比大致維持不變（一般而言，占 50%~60%）。

(二) 數位媒體（網路＋手機）：占比顯著性上升（大致占 20%~30% 不等）。

(三) 報紙媒體：占比持續顯著下滑、減少（大致占 5%~10%）。

(四) 雜誌媒體：占比持續顯著下滑、減少（大致占 0%~5%）。

(五) 廣播媒體：占比略微下滑、減少（大致占 0%~5%）。

(六) 戶外媒體：占比持平（大致占 5%~10%）。

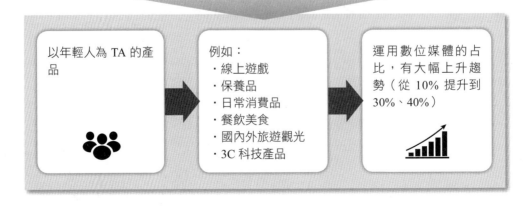

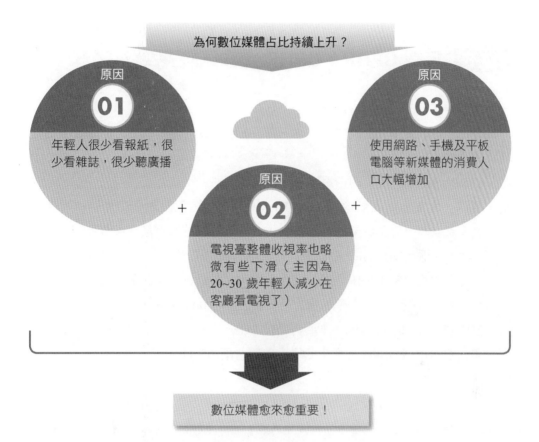

為何數位媒體占比持續上升？

原因 **01**
年輕人很少看報紙，很少看雜誌，很少聽廣播

原因 **02**
電視臺整體收視率也略微有些下滑（主因為 20~30 歲年輕人減少在客廳看電視了）

原因 **03**
使用網路、手機及平板電腦等新媒體的消費人口大幅增加

數位媒體愈來愈重要！

從廣告量看：常態媒體組合分配的占比

項目	媒體別	每年廣告量	占比
1	電視	220 億	47%
2	網路	150 億	32%
3	戶外	33 億	7%
4	報紙	30 億	6.5%
5	雜誌	20 億	4.3%
6	廣播	15 億	3.2%
	合計	468 億	100%

17-8 何謂 CPRP？CPRP 金額應該多少？

一、CPRP = Cost Per Rating Point

即每一個收視率 1.0 之廣告成本，每 10 秒計算。簡化來說，即每收視點數之成本。

二、CPRP（每 10 秒），即指電視廣告的收費價格。

三、目前，大部分電視臺均採用 CPRP（每 10 秒）保證收視率價格法；也就是，廠商有一筆預算要撥在電視廣告上，則以保證播出後，會依各節目收視率狀況，保證播到 GRP 總點數達成的原訂目標值。

四、目前各電視臺的 CPRP 價格，大致在每 10 秒 3,000~7,000 元之間，也就是說，每在收視率 1.0 的節目播出一次要收費 3,000~7,000 元不等。若電視廣告片 (TVCF) 是 30 秒的，則要再乘以 3 倍。

五、究竟 CPRP（每 10 秒）多少價格，主要看兩個條件：

(一) 頻道屬性

例如：新聞臺及綜合臺的 CPRP 收費就會高，每 10 秒大約在 4,500~7,000 元之間。這是因新聞臺及綜合臺的收視率較高之故，新聞臺價格又比綜合臺更高一些；新聞臺大致在 6,000~7,000 元，綜合臺在 4,500~5,500 元之間。其他，像兒童卡通臺、新知臺、體育臺、日本臺則 CPRP 就較低，約在 1,000~3,000 元左右。若是國片臺、洋片臺、戲劇臺則介於這兩者之間，或 3,000~4,000 元之間。

(二) 淡旺季

例如：電視臺廣告旺季時，電視臺廣告業務部門就會拉高 CPRP 價格；反之，若廣告淡季時，CPRP 價格就會降低。因為旺季時，大家搶著上廣告；淡季時，空檔就很多。電視臺廣告旺季約在每年夏季（6 月、7 月、8 月）及冬季（11 月、12 月、1 月）；而淡季則在每年春季（3 月、4 月）及秋季（9 月、10 月）。

六、廠商（廣告主）通常都希望電視廣告價格可以下降，其意指 CPRP 的報價可以下降，例如：旺季時，CPRP（每 10 秒）從 7,000 元降到 6,000 元，則廠商的電視廣告支出，就可以節省一些。

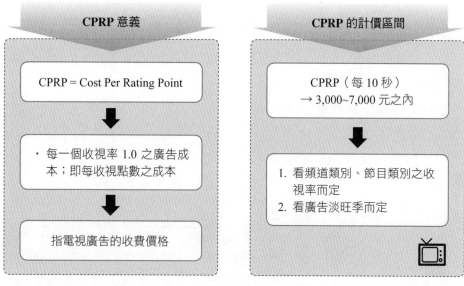

七、電視廣告計價方法

方法一：主流方式－CPRP 保證總收視率定價法

1. 不能指定每次廣告都在高收視率節目播出，且播出第幾支也不能確定。

2. 但會保證播出的 GRP 會達到原先的承諾，否則將加補檔次播出。

方法二：檔購法 (Spot Buying)

1. 即可以指定在較高收視率的節目播出，以及在第幾支廣告播出。

2. 但成本會比較高。

八、目前CPRP定價多少

(一) 廣告旺季時：6 月、7 月、8 月等夏季及 11 月、12 月、1 月等冬季，每 10 秒收費：5,000~7,000 元。若為 30 秒的廣告片，則收乘上 3 倍，即 15,000~21,000 元；在收視率 1.0 的節目播出 1 次。若以收視率 0.5 的節目，則可播出 2 次。若在收視率 3.0 節目播出 1 次，則要價 7,000 元 ×3×3 = 6.3 萬元。

(二) 廣告淡季時：2 月、3 月、4 月、5月等春季及 9 月、10 月、11 月等秋季，每 10 秒收費：3,000~4,500 元。若為 30 秒的廣告片，則收費乘上 3 倍，即 9,000~13,500 元：在收視率 1.0 節目播出 1 次。

九、目前電視臺廣告計價採套裝組合銷售的方式

(一) 將各節目依收視高到低區分為：S 級節目，A 級節目，B 級節目，C 級節目。

(二) 組合銷售方式：

　　Ex：1S+1A+2B+2C（每 10 秒收費 40,000元）

　　S 級節目播 1 次，A 級節目播 1 次，B 級節目播 2 次，C 級節目播 2 次，合計播出 6 次。

(三) 每次播出 30 秒廣告帶的成本多少？

　　40,000 元×3 倍 = 12 萬元

　　12 萬元 ÷ 6 次播出 = 2 萬元／1 次

保證「CPRP」購買方式

優點
1. 事先提供概略 Cue 表，上 Cue 時彈性安排檔次。
2. CRP 值高於檔購。

缺點
檔次落點無法掌握，難以精確接觸到消費族群。

圖 17-7　電視廣告：CPRP 保證收視率購買方式的優缺點

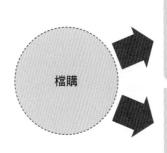

檔購

優點
檔次落點精確，檔次異動情況較少，準確接觸目標消費者。

缺點
成本效益較差，較無法機動調整及掌握。

圖 17-8　檔購購買法的優缺點

17-9　何謂 GRP？GRP 多少才適當？

一、GRP ＝Gross Rating Point
　　　　　＝總收視點數
　　　　　＝收視率之累計總和
　　　　　＝總曝光率
　　　　　＝總廣告聲量

二、GRP 及此波電視廣告播出之收視率累計總和或總收視點數之和的意思。

三、例如：某波電視廣告播出 300 次，每次均在收視率 1.0 的節目播出廣告，故此波電視廣告之 GRP 即為 300 次×1.0 收視率＝300 個 GRP 點數。

四、又如：若在收視率 0.5 的節目播出 300 次，則 GRP 僅為 150 個。（300 次× 0.5＝150 個。）

五、再如：若想達成 GRP 300 個，均在收視率 0.2 的節目播出廣告，則總計應播出 1,500 次之多，才可以達成 GRP 300 個。（GRP＝1,500 個×0.2＝300 個。）

六、總結：GRP 愈高，則代表總收視點數愈高，此波電視廣告被目標消費類族群看過的機會及比例也就愈大，甚至看過好多次。

七、一般來說，每一波兩個星期播出電視廣告的 GRP 大概平均 300 個左右，就算適當了。此時，這一波的電視廣告預算大約在 500 萬元左右。

八、GRP 300 個，若在 0.3 收視率的節目，可以播出 1,000 次（檔）電視廣告的量，1,000 次廣告播出量應算是不少了，曝光度也應該夠了。

九、每一波電視廣告 GRP 達成數只要適當即可，若太多了，可能只是浪費廣告預算而已。

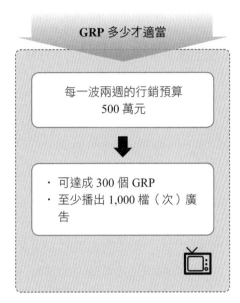

17-10 GRP、CPRP、行銷預算之意義與關係

行銷預算、CPRP、GRP 三者關係

(一) GRP = Gross Rating Point = Reach×Frequence = 觸及率×頻次

1. 此即廣告收視累計總和，或總收視點數、總曝光率之意。因為每個節目有不同收視率，故為累積總和。

2. 即廣告播出之後，我們應該可以達到多少個總收視點數之和。

3. GRP 愈高，代表收視點數愈高，被消費者看到或看過的機會也就愈大，甚至看過好多次。

(二) CPRP = Cost Per Rating Point

1. 此即每達到一個 1.0 收視點之成本，亦指電視廣告的收費價格之意。目前，每 10 秒之 CPRP 價格均在 3,000~7,000 元之間。

2. 目前，大部分業界均採 CPRP 保證收視率價格法。即廠商若有一筆預算要刊播在電視廣告上，則播出後，會依收視狀況，保證播到 GRP 達成的目標值。

(三) 公式

1. CPRP = 總預算／GRP

2. GRP＝總預算／CPRP

　Ex: CPRP＝5,000元／每10秒

　總預算＝500萬元；則GRP＝500萬元／5,000元

　＝1,000個／30秒廣告＝333個GRP

　故收視點數要達到1,000個GRP，須除以30秒一支廣告片，故為333個GRP。

　如果放在收視率1.0的節目播出，則可以播出333次，若分散在5個新聞臺，則每臺播出60次以上。

(四) 目前CPRP價格在3,000~7,000元／10秒之間。

　廣告淡季時，空檔多，故會降價到3,000~3,500元／10秒；廣告旺季時，大家搶著上檔，故會上升到7,000元／10秒。

(五) 廣告旺季：每年6月、7月、8月、9月為夏天旺季；每年11月、12月、1月、2月為冬天旺季。廣告淡季：過年後的3月、4月、5月及夏天後的10月、11月等。

(六) 一般而言，廠商每一波的電視廣告支出，不能少於500萬元，太少則消費者看不到幾次。大約500~1,000萬元之間為宜。

(七) 故如果每年有3,000萬元的電視廣告支出預算，則可以分配在二波～四波間播出，平均每季一次，計四次；或上半年、下半年各一次。

(八) 另外，對於一個「新產品」正式上市推出、如果沒有花3,000萬以上電視廣告費，也會沒有足夠的廣告聲量出來，效果會不太大。因此，行銷要捨得花錢做廣告。

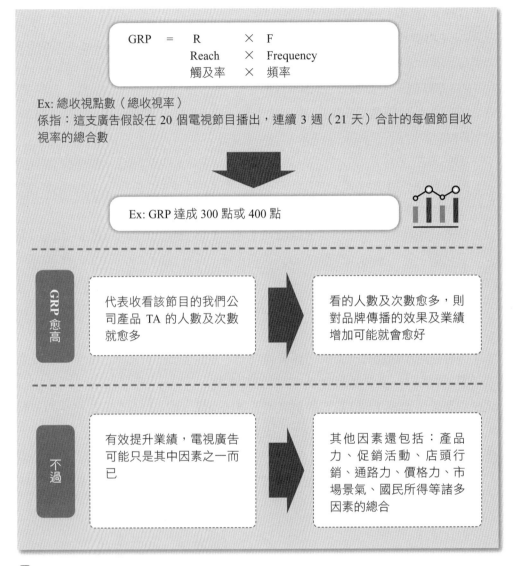

$$GRP \quad = \quad R \quad \times \quad F$$
$$Reach \quad \times \quad Frequency$$
$$觸及率 \quad \times \quad 頻率$$

Ex: 總收視點數（總收視率）
係指：這支廣告假設在 20 個電視節目播出，連續 3 週（21 天）合計的每個節目收視率的總合數

Ex: GRP 達成 300 點或 400 點

GRP 愈高

代表收看該節目的我們公司產品 TA 的人數及次數就愈多

看的人數及次數愈多，則對品牌傳播的效果及業績增加可能就會愈好

不過

有效提升業績，電視廣告可能只是其中因素之一而已

其他因素還包括：產品力、促銷活動、店頭行銷、通路力、價格力、市場景氣、國民所得等諸多因素的總合

圖 17-9　總收視點數（總收視率）

17-11 廣告預算、GRP、CPRP 三者間關係算式案例

一、三者關係之公式

1. 廣告預算 ＝ CRP×CPRP

2. GRP ＝ 廣告預算／CPRP

3. CPRP ＝ 廣告預算／GRP

二、案例計算

案例一：預算多少

- 假設 CPRP（每 10 秒）＝ 6,000 元
- 希望 GRP（30 秒）達到 300 個點
- 有一支 TVCF（30 秒）播放
- 則此波預算為：

→6,000 元×3×300 點 ＝ 540 萬元

→即預算＝CPRP×3（30 秒）×300 點 (GRP)＝540 萬元

案例二：預算多少

- 若 TVCF（40 秒），則此波預算為：

→6,000 元×4（40 秒）×300 點 (GRP) ＝720 萬元

案例三：GRP多少

- 若預算 600 萬元
- CPRP（10 秒）為 7,000 元
- TVCF（30 秒）
- 則此 GRP（30 秒）可達多少個？

→GRP（10 秒）＝600 萬元／7,000 元＝857 點

→GRP（30 秒）＝857 點／3（30 秒）＝285 點

- 故此時 GRP（30 秒）可達 285 個點

案例四：GRP 多少？

- 若 CPRP（10 秒）為 5,000 元，TVCF 為 30 秒
- 則 CRP（10 秒）＝500 萬元／500 元＝1,000 個點

→則 CRP（30 秒）＝1,000 個點／3＝333 個點

- GRP 為 333 個點，表示 TVCF 可在收視率 1.0 的節目，播出 333 次（檔）；
  或在收視率 0.5 的節目裡，播出 666 次（檔）

圖 17-10　廣告預算、GRP、GPRP 三者間的公式

・假設 CPRP（每 10 秒）：6,000 元
・希望 GRP（30 秒）達到 300 個點
・有一支 TVCF（30 秒）播出
・希望在 0.5 收視率節目播出

則此波預算為：
6,000 元×3×300 點＝540 萬元
則此波預算至少可播出 600 次！

圖 17-11　電視廣告頻道配置選擇的兩原則

17-12　電視廣告購買相關問題

一、電視廣告要求播出時段價比

　　依收視率來看，逢週五、週六、週日時的收視率較高的；另外，晚上 (6:00~11:00) 及中午 (12:00~13:00) 黃金時間的收視率，是比早上及下午時段的收視要高的。因此，通常廣告主會要求在這些主力時段播出的廣告量，至少要占 70%，以確保更多的目標族群看到廣告播出。

二、看過廣告的人占比及看過多少次

(一) CPRP 價格法，應會計算出此波廣告 GRP 達成狀況，您的目標消費群會有多少比例看過此廣告，以及平均會看過幾次。

(二) 一般來說，大概在目標消費群中會有 60%~70% 的人會看過此支廣告，而且平均看過 4 次以上。

三、每小時廣告量可以多少

依據廣電法規規定，目前電視每 1 小時可以有 10 分鐘播出廣告，占比為六分之一。通常，晚上時段會足夠 10 分鐘廣告量，白天上午及下午廣告量會不足，故電視臺會播出一些節目預告內容，以補充時間。

四、收視率是如何來的

(一) 電視收視率是美商尼爾森公司 (Nilsen) 在臺灣找到 2,200 個家庭，與他們協調好，在家中裝上尼爾森公司的一種收視率計算盒子，只要開啟電視，即會開始統計收視率。

(二) 當然，這 2,200 個家庭分布也是考量全臺灣的不同收入別、不同職業別、男女別、不同年齡層別而合理化裝置的。

五、收視率 1.0 代表多少人收看

(一) 收視率 1.0，代表全臺灣同時約有 20 萬人在收看此節目。

(二) 計算依據是：

1/100：代表 1.0 的收視率

2,000 萬人口：代表全臺扣除小孩子（嬰兒）以外的總人口

1/100×2,000 萬人＝20 萬人

六、電視頻道的屬性類別

(一) 目前電視的頻道類型，主要有下列：1. 新聞臺；2. 綜合臺；3. 戲劇臺：4. 國片臺；5. 洋片臺；6. 日片臺；7. 體育臺；8. 新知臺；9. 卡通兒童臺。

(二) 其中，以新聞臺及綜合臺為較高收視率的前二名，其廣告量已較多，CPRP 的價格也較高，大致每 10 秒在 4,500~7,000 元之間。

(三) 新聞臺的收看人口屬性，以男性略多些，年齡大一些居多。而有連續劇及綜藝節目的綜合臺，則以女性人口略多些，年齡較年輕些。

(四) 根據預估，新聞臺（有 8 個頻道）及綜合臺（有 15 個頻道），這兩大重要頻道的廣告量，占全部的 50～70% 之多，故是最主流的頻道類型。

七、有線電視頻道家族

(一) 目前國內主要的有線電視頻道家族，包括有：1. TVBS；2. 東森；3. 三立；4. 中天；5. 八大；6. 緯來；7. 福斯 (FOX)；8. 民視；9. 非凡；10. 年代。

(二) 若以年度廣告總營收來看，三立及東森、TVBS 居前三名。

八、TVCF 廣告片秒數多少

(一) 電視廣告片 (TVCF) 以 5 秒為一個單位，但一般來說，TVCF 的秒數，平均是 20 秒及 30 秒居多；10 秒及 40 秒的也有，不過少一些。

(二) 由於 TVCF 是依 CPRP 每 10 秒計價，因此秒數愈多就愈貴；因此，考量價格及觀看人的收看習性，TVCF 仍以 20 秒及 30 秒為適當。

九、電視廣告的效益如何

(一) 一般來說，電視廣告播出後，主要的效益仍是在「品牌影響力」這個效益上。包括：品牌知名度、品牌認同度、品牌喜愛度、品牌忠誠度等提高及維繫。

(二) 其次的效益，則是對「業績」的提升，也有可能帶來一部分的效益，但不是絕對的。

(三) 因為業績的提升涉及產品力、定價力、通路力、推廣力、服務力以及競爭對手與外在景氣現況等為主要因素，絕不可能一播出廣告，業績馬上就提升。

(四) 但，如果長期都不投資電視廣告，則品牌力及業績，都可能會逐漸衰退。

十、電視廣告代言人效益

(一) 一般來說，如果電視廣告搭配正確的代言人，通常廣告效益會提高不少。

(二) 因此，如果廠商行銷預算夠好的話，最好能搭配正確的代言人為佳。

(三) 目前，就受歡迎且有效益的代言人有：1. 蔡依林；2. 周杰倫；3. 楊丞琳；4. 林依晨；5. 金城武；6. 王力宏；7. 林心如；8. 田馥甄；9. 曾之喬；10. 林志玲；11. 張鈞甯；12. 桂綸鎂；13. 謝震武；14. 吳念真；15. 吳慷仁；16. 陶晶瑩；17. 隋棠；18. 盧廣仲；19. 蕭敬騰；20. 陳美鳳；21. 賈靜雯。

17-13　媒體廣告效益分析

一、媒體廣告刊播的效益衡量指標

(一) 廠商廣告主最在乎的是：

　1. 業績是否提升？提升多少？

　2. 品牌力是否提升？提升多少？

(二) 媒體代理商只能保證：

　1. GRP 達成了沒有？

　2. 有多少人看過了廣告？平均看過幾次？

　3. 看過廣告的好感度、記憶度、印象度如何？

二、廠商（廣告主）對媒體廣告效益評估案例

　　　Ex：以統一茶裏王飲料為例

(一) 假設去年：

　　年營收 20 億元→廣告費支出 4,000 萬元

(二) 今年目標：

　　年營收預成長 10%，即 22 億元→廣告費支出增加到 6,000 萬元

(三) 效益評估：

　　營收增加 2 億×毛利率 30%＝毛利額增加 6,000 萬元

　　廣告費淨支出增加 2,000 萬元。

　　6,000 萬元－2,000 萬元＝4,000 萬元，淨利潤增加

　　故效益是好的。

三、廣告投入增加後

(一) 要看毛利額增加，扣除廣告額增加後，是否有正數的獲利增加？

(二) 除了利潤是否增加外。

(三) 品牌知名度、指名度、喜愛度、忠誠度及形象等是否較以往有所增加？

(四) 總之，媒體組合投入後要看：1. 業績量是否增加？2. 品牌力是否增加？

四、通力合作：廠商＋廣告公司＋媒體代理商

(一) 廣告（廣告主）。

(二) 廣告公司。

(三) 媒體代理商。

三位一體密切開會，通力合作。

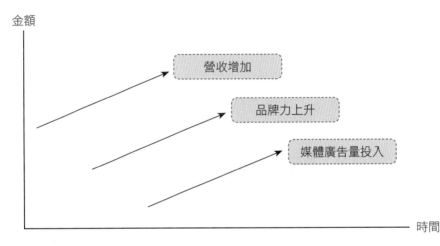

📷🔍 圖 17-12　營收及品牌力應隨媒體廣告投入而增加

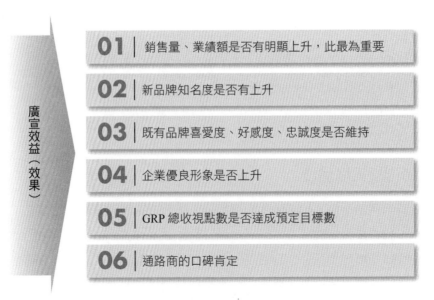

01 ┃ 銷售量、業績額是否有明顯上升，此最為重要

02 ┃ 新品牌知名度是否有上升

03 ┃ 既有品牌喜愛度、好感度、忠誠度是否維持

04 ┃ 企業優良形象是否上升

05 ┃ GRP 總收視點數是否達成預定目標數

06 ┃ 通路商的口碑肯定

廣宣效益（效果）

📷🔍 圖 17-13　媒體廣告刊播後，如何評估效益

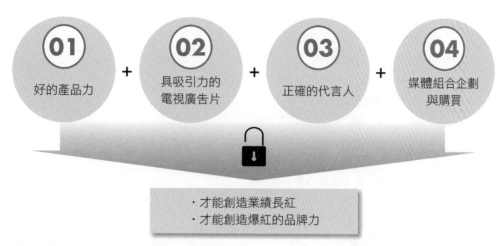

17-14　廣告效果測定的四種層次

如圖 17-15 所示，電視廣告效果的測定，主要可以從四個面向來分析：

一、媒體到達層次

即媒體到達率×平均到達次數，即得到媒體總到達率。即指在電視媒體播出的總到達率。

二、廣告到達層次

即廣告到達率×平均到達次數，即得到廣告總到達率。即指目標對象在電視上看到廣告的總曝光率，也就是有多少比例人數看到了廣告，而且看過很多次了。

三、心理變化層次

即指對品牌廣告的認知率、知名度、好感度及可能購買率等心理改變。

四、刺激行動層次

即指真正採取行動，在賣場購買此品牌。

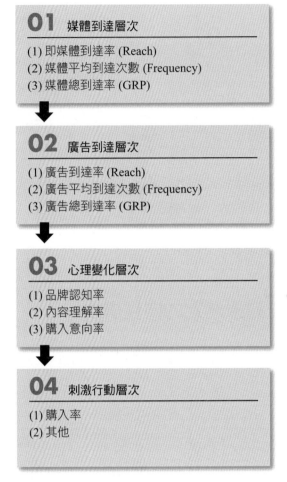

圖 17-15　廣告效果測定的四種層次

考試及複習題目（簡答題）

一、Media Planning 的中文為何？

二、Media Buying 的中文為何？

三、請列舉至少三家較大型的媒體代理商？

四、請列示為何需要媒體代理商的兩大原因？

五、請列示 Buyer 又可分為哪兩種 Buyer？

六、請列出媒體企劃的六步驟為何？

七、請列出對媒體購買的要求為何？

八、請列示 Media Planner 的三大工作內容為何？

九、請列示 Media Buyer 的四大工作內容為何？

十、請列示媒體企劃及媒體購買人員應具備之五項特質為何？

十一、何謂 Media Mix？

十二、請列示 CPRP 的中文及英文意義為何？

十三、請列示目前 CPRP 價格較高的兩種頻道類型為何？

十四、請列示 GRP 之中文、英文意義為何？

十五、請列示 GRP＝R×F 的 R 及 F 代表意義為何？

十六、請列示 GRP 數值愈高的意義為何？

十七、請列示目前每一小時的廣告時間為多少？

十八、請列示目前電視收視率的調查公司是哪一家？

十九、請列示收視率 1.0 代表該時間全臺有多少人在收看該節目？

二十、請列示目前臺灣有哪十家有線電視頻道家族？

二十一、請列示最常見的電視廣告秒數是多少秒？

二十二、請列示電視廣告播出後的主要效益在哪裡？

二十三、請列示電視廣告播出後，是否會馬上提高業績嗎？為什麼？

二十四、請列出目前藝人代言人廣告有效果的五位藝人姓名為何？

二十五、請列出媒體代理商在電視廣告播出後，只能告訴我們哪一效益達成了？

Chapter **18**

電視媒體企劃與
購買實際案例

18-1 「東森房屋」電視媒體購買計畫（實際案例）

一、企劃要素

(一) 廣告期間：2009 年 3 月 12 日（四）～3 月 25 日（三）共計 14 天。

(二) 媒體目標：持續提升企業知名度及好感度。

(三) 目標對象：30~49 歲全體。

(四) 預算設定：

- 電視 500 萬（含稅）。
- 素材。
- 40"TVC。

二、節目類型購買設定

(一) 新聞節目 65%。

(二) 戲劇節目 13%。

(三) 綜合節目 22%。

三、目標群頻道收視率

(一) 新聞臺。

(二) 綜合臺。

(三) 電影臺。

(四) 戲劇臺。

四、排期與聲量規劃建議

　　本波聲量預估可購買 291GRPs（不含東森部分），為快速建立目標群記憶，建議採取策略如下：

(一) 兩週內密集播放。

(二) 聲量規劃採前重後輕操作。

3 月													
四	五	六	日	一	二	三	四	五	六	日	一	二	三
12	13	14	15	16	17	18	19	20	21	22	23	24	25

3/12~3/17（6 天）　　　　　　　　3/18~3/25（8 天）
聲量比重分配　　　　　　　　　　聲量比重分配
60%　　　　　　　　　　　　　　　40%

五、類型頻道預算分配

頻道家族	頻道名稱	平均收視率%	頻道預算（含稅）	頻道預算分配（含稅）		
				類型頻道預算（含稅）	各頻道預算占比	類型頻道預算占比
新聞	TVBS-N	0.51	$672,000	$3,262,800	13%	65%
	TVBS	0.33	$252,000		5%	
	三立新聞臺	0.43	$588,000		12%	
	中天新聞臺	0.44	$554,400		11%	
	東森新聞臺（客戶直發）	0.46	$600,000		12%	
	非凡新聞臺	0.31	$294,000		6%	
	民視新聞臺	0.33	$302,400		6%	
綜合綜藝類	三立臺灣臺	1.39	$110,880	$1,113,080	2%	22%
	三立都會臺	0.46	$168,000		3%	
	東森綜合臺（客戶直發）	0.27	$200,000		4%	
	中天綜合臺	0.36	$252,000		5%	
	中天娛樂臺	0.19	$67,200		1%	
	年代 MUCH 臺	0.27	$315,000		6%	
戲劇	八大戲劇臺	0.27	$210,000	$624,120	4%	12%
	東森戲劇臺（客戶直發）	0.06	$200,000		4%	
	緯來戲劇臺	0.35	$214,120		4%	
總　計				$5,000,000	100%	

六、家族頻道預算分配

頻道家族	頻道名稱	平均收視率%	頻道預算（含稅）	頻道預算分配（含稅）		
				頻道家族預算（含稅）	各頻道預算占比	頻道家族預算占比
TVBS 家族	TVBS-N	0.51	$672,000	$924,000	13.4%	18.4%
	TVBS	0.33	$252,000		5.0%	
三立家族	三立新聞臺	0.43	$588,000	$866,880	11.8%	17.4%
	三立臺灣臺	1.39	$110,880		2.2%	
	三立都會臺	0.46	$168,000		3.4%	
中天家族	中天新聞臺	0.44	$554,400	$873,600	11.1%	17.4%
	中天綜合臺	0.36	$252,000		5.0%	
	中天娛樂臺	0.19	$67,200		1.3%	
非凡家族	非凡新聞臺	0.31	$294,000	$294,000	5.9%	5.9%
年代家族	年代 MUCH 臺	0.27	$315,000	$315,000	6.3%	6.3%
民視家族	民視新聞臺	0.33	$302,400	$302,400	6.0%	6.0%
八大家族	八大戲劇臺	0.27	$210,000	$210,000	4.2%	4.2%
緯來家族	緯來戲劇臺	0.35	$214,120	$214,120	4.3%	4.3%
東森家族	東森家族（客戶直發）		$1,000,000	$1,000,000	20.0%	20.0%
總　　計			$5,000,000		100%	

七、Cue 表檔次分布

- 雖採 CPRP 購買方式，但 Cue 表所安排之計費檔次保證播出，並保證總執行檔次至少 1,200 檔以上（不含東森家族）。

NO	頻道屬性	頻道別	四 12	五 13	六 14	日 15	一 16	二 17	三 18	四 19	五 20	六 21	日 22	一 23	二 24	檔次
1	新聞類	TVBS-N	3	4	2	2	1	2	1	1	3	2	2	0	1	24
2		TVBS	5	4	1	0	2	1	0	3	1	1	0	0	0	18
3		三立新聞臺	7	8	7	6	3	4	4	3	5	5	4	0	0	56
4		中天新聞臺	3	3	7	5	1	3	3	3	1	6	4	0	1	40
5		非凡新聞臺	7	6	0	0	5	4	3	3	3	0	0	1	0	32
6		民視新聞臺	2	2	4	3	0	1	1	0	2	2	2	0	0	21
7	綜合綜藝類	三立臺灣臺	0	0	1	2	1	0	0	0	0	0	2	1	0	7
8		三立都會臺	1	0	2	1	0	1	0	1	0	2	2	0	1	12
9		中天綜合臺	3	4	2	1	1	1	1	0	2	2	1	1	0	18
10		中天娛樂臺	1	1	1	1	0	0	0	1	1	0	1	0	0	7
11		年代 MUCH 臺	5	4	5	5	4	4	3	4	3	5	5	2	2	52
12	戲劇類	八大戲劇臺	4	6	3	2	4	4	3	2	3	1	1	2	0	36
13		緯來戲劇臺	4	5	0	0	4	4	4	2	3	0	0	1	0	28
		Cue 表檔次	45	47	35	29	26	29	22	23	27	26	24	8	5	351
		東森家族（客戶直發）檔次	17	19	15	12	13	9	7	4	4	4	3			107
		總檔次	62	66	50	41	39	38	29	27	31	30	27	8	5	453

八、電視執行效益預估

排期	2009/3/12~2009/3/25（共計 14 天）		
預算	NT$4,000,000（含稅）		
素材	40"TVC		
GRPs	291		
10"GPRs	1,164		
1+Reach	70.00%		
3+Reach	40.00%		
Frequency	4.4		
10"CPRP（含回買）	NT$3,273		
P.I.B.（首二尾支）GRP%	60%		
Prime Time GRP%	週一～五	12:00~14:00	70%
		18:00~24:00	
	週六、日	12:00~24:00	

九、新聞報導與節目配合（免費）

置入	頻道名稱	節目	秒數	則數
新聞報導	TVBS-N	新聞	20"~50"	1
	三立新聞臺	新聞	20"~50"	2
	中天新聞臺	新聞	20"~50"	2
	年代新聞臺	新聞	20"~50"	2
	非凡新聞臺	新聞	20"~50"	1
	民視新聞臺	新聞	20"~50"	1
節目專訪	TVBS	Money 我最大		1
	八大第一臺	午間新聞		1
	緯來綜合	臺北 Walker Walker		1
總　計				12

18-2　國內「電視購物」產業形象廣告的電視媒體採購企劃案（實際案例）

一、電視媒體採購規劃

(一) 預算：10,000,000 元（含稅）。

(二) 素材：40 秒 & 30 秒。

(三) 走期：10/12~10/23（40 秒）；11/9~11/22（30 秒）。

(四) 購買年齡層：30~54 歲女性及男性。

　　1. 過去一年內選擇電視購物的男女比約 1：2。

　　2. 女性過去一年內電視購物的年齡層主要落在 30~59 歲，占 83%；而男性過去一年內電視購物的年齡層主要平均落在 30 歲以上，高達 90%。

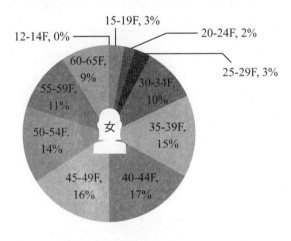

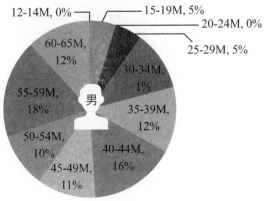

二、TA 電視收視偏好觀察

(一) 觀察 30~54 歲全體電視收看類型，發現高收視的頻道類型，主要集中於新聞、綜合、戲劇等。

(二) 進一步觀察 30~54 歲全體收看偏好，發現 30~54 歲男性於高收視的頻道中，特別偏好新聞頻道。30~54 歲女性則偏好於綜合、戲劇等頻道。

頻道類型	30~54A		30~54F		30~54M	
	TVR	SOV	TVR	Index (vs. 25~49A)	TVR	Index (vs. 25~49A)
新聞臺	2.82	32%	2.52	89	3.10	110
綜合娛樂臺	2.08	24%	2.51	121	1.62	78
無線臺（含數位）	1.46	17%	1.58	108	1.40	96
戲劇臺	0.52	6%	0.80	154	0.22	42
電影臺	0.92	10%	0.67	73	1.21	132
兒童臺	0.44	5%	0.54	123	0.32	73
體育臺	0.23	3%	0.11	48	0.36	157
知識休閒臺	0.18	2%	0.15	83	0.23	128
日本臺	0.14	2%	0.16	114	0.12	86
音樂臺	0.05	1%	0.07	140	0.03	60
合計	8.84	100%	9.11		8.61	

三、頻道類型選擇建議：依 TA 偏好頻道投放

(一) 購買策略：觀察 TA 收視偏好，建議集中最大聲量投資於綜合戲劇頻道，以精準觸及目標 TA，另以新聞臺增加廣度與能見度。

(二) 購買方式：家族 CPRP Buy（如有特定頻道／節目，需以檔購進單，會再提出討論）。

頻道類型	30~54F		
	TVR	SOV	建議預算占比
新聞臺	2.52	28%	25%
綜合娛樂臺	2.51	28%	50%
戲劇臺	0.8	9%	25%
無線臺（含數位）	1.58	17%	-
電影臺	0.67	7%	-
兒童臺	0.54	6%	-
日本臺	0.11	1%	-
體育臺	0.15	2%	-
知識休閒臺	0.16	2%	-
音樂臺	0.07	1%	-
合計	9.11	100%	-

*資料來源：Nielsen Arianna。

頻道類型	頻道	30~54F
新聞臺	TVBS-N/TVBS 新聞臺	0.58
	ET-N/東森新聞	0.47
	CTiN/中天新聞臺	0.3
	SETN/三立新聞	0.28
	FTVN/民視新聞	0.22
	UBN/非凡新聞	0.16
	ERA-N/年代新聞臺	0.13
	EFNC/東森財經新聞臺	0.13
	NTVN/壹新聞	0.12
	TVBS/TVBS-N	0.11
	USTV/非凡衛星	0.01
	SET-F/三立財經臺	0.01

頻道類型	頻道	30~54F
綜合戲劇臺	SANLI/三立臺灣	0.62
	GTV-D/GTV 戲劇臺	0.43
	SCC/衛視中文	0.3
	ET-D/東森戲劇臺	0.26
	SL2/三立都會	0.25
	ETTV/東森綜合	0.2
	TVBS-G/TVBS 歡樂臺	0.17
	CTiV/中天綜合臺	0.16
	ONTV/緯來綜合	0.13
	VLD/緯來戲劇臺	0.11
	STV/超級電視	0.1
	JET/JET 綜合臺	0.1
	GTV-C/GTV 綜合臺	0.09
	GTV-1/GTV 第一臺	0.08
	CTiE/中天娛樂臺	0.08
	MUCH/MUCH	0.08
	TOP/高點綜合臺	0.05
	ASIA/東風衛視	0.05
	VLMAX/緯來育樂臺	0.04
	GTV-A/GTV 娛樂臺	0.01

四、30~54F TV Reach Curve（觸及率曲線）

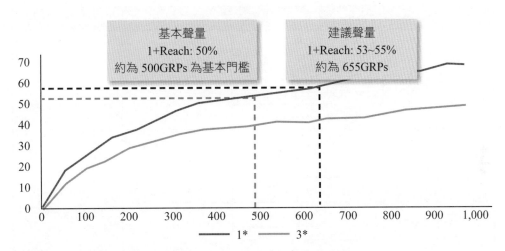

- 參考主要 TA (30~54F) 操作聲量，作為本波操作聲量參考依據。

五、排期操作建議

波段建議		Period 1 (10/12~10/23)	Period 1 (11/9~11/22)
第一波 **40** 秒；第二波 **30** 秒	【GRP 分配】	250 GRPs 40 秒	405 GRPs 30 秒
GRPs: 655 GRPs 1+Reach: 53%~55% 3+Reach: 37%~39%	【預算分配】	430 萬	520 萬

- 1+Reach 與 3+Reach 以主要 TA 30~54F 作為參考依據。

六、各家族預算分配

頻道類型	頻道	預算比	10"CPRP
新聞頻道	TVBS／TVBS-N	25%	5,500
	東森新聞／東森財經		
	三立新聞／三立財經		
	非凡新聞／非凡財經		
戲劇頻道	東森戲劇	25%	4,000
	八大戲劇		
	緯來戲劇		
綜合頻道	八大第一／八大綜合	50%	
	超視／東森綜合		
	三立臺灣／三立都會		
	緯來綜合／緯來日本		

家族類型	頻道	分類分齡	預算	預算比	各家族預估CPRP	事後檢視10"CPRP	事後檢視10"GRPs
TVBS 家族	TVBS／TVBS-N	30~54A	750,000	8%	6,500	4,300	2,215
東森家族	東森新聞／東森財經	30-54M	700,000	26%	4,500		
	東森戲劇	30-54F	900,000				
	超視／東森綜合	30-54F	900,000				
三立家族	三立臺灣／三立都會	30-54F	2,000,000	24%	4,650		
	三立新聞	30-54M	300,000				
八大家族	八大戲劇	30-54F	1,000,000	14%	3,500		
	八大第一／八大綜合	30-54F	300,000				
緯來家族	緯來戲劇	30-54F	400,000	21%	3,000		
	緯來綜合／緯來日本	30-54F	1,623,810				

家族類型	頻道	分類分齡	預算	預算比	各家族預估CPRP	事後檢視10"CPRP	事後檢視10"GRPs
非凡家族	非凡新聞／非凡財經	30-54M	650,000	7%	5,300		
小計 (NET)			9,523,810	100%			
稅 (5%)			476,191				
總計（含稅）			10,000,000				

(一) CPRP Buy 為保證聲量露出達到目標 10"GRPs，各頻道家族採取家族內全頻道合補方式執行，家族頻道視每日秒數及收視率變化做機動性調整檔次，不保證如 Cue 播出。

(二) 各項 KPI（10"CPRP、10"GRPs、PT、PIB、週四～週日占比）事後檢視採 40 秒 & 30 秒雙素材合併檢視。

(三) 新聞頻道 CPRP 參考值為 5,500；其他頻道 CPRP 參考值為 3,900；以上各家族 CPRP 為參考預估值，皆不列入事後檢視。

(四) 整體 PT (12:00~12:59+18:00~23:59)：65%。

(五) 非新聞頻道 20:00~22:59 的表現占非新聞頻道 PT (12:00~12:59+18:00~23:59) 中的 70%。

(六) PIB（首、二、尾支）：80%；其中首支＋尾支占 80%。

(七) 週四～週日比例：70%。

Chapter **19**

行銷（廣告）預算
概述

19-1 行銷（廣告）預算的意義、功能、目的、提列及內容

一、何謂行銷預算？

所謂行銷預算，就是指公司每年都會提撥一定金額，作為行銷部門的工作之用，以為公司發揮行銷方面的作用。英文稱為 "Marketing Budget"。

二、行銷預算的功能、目的

實務上來說，行銷預算的功能、目的，主要有三點：

(一) 打造及維繫公司主力產品的品牌力、品牌資產（諸如品牌知名度、好感度、信賴度等）。

(二) 希望維持或提高既有的年度營收額或業績額。

(三) 希望有助於塑造整個企業的良好形象、優良形象。

01	02	03
打造及維繫品牌力	穩定及提高年度營收額	有利塑造企業優良形象

圖 19-1　行銷預算的三大功能

三、行銷預算的提列

公司的年度行銷預算應該提列多少，主要看下列三點因素而定：

(一) 看競爭對手多少

第一個因素，要看市場上主力競爭對手提列多少，我們就提列多少。例如：第一品牌每年提列 8,000 萬元行銷廣宣費，那麼第二品牌每年提列的金額也不能少 8,000 萬元太遠，必須跟上去才有機會變成第一品牌。

(二) 看年度營收額多少百分比

　　第二個因素，則要以營收額的多少比例為依據，而換算出每年提列多少行銷預算。例如：下列品牌：

1. 茶裏王飲料

　　每年 20 億營收×2% = 4,000 萬元行銷預算。

2. 林鳳營鮮奶

　　每年 30 億營收×2% = 6,000 萬元行銷預算。

3. City Café

　　每年 130 億營收×0.5% = 6,500 萬元行銷預算。

4. 統一超商

　　每年 1,500 億營收×1% = 1.5 億元行銷預算。

5. 黑人牙膏

　　每年 20 億營收×5% = 1 億元行銷預算。

6. 麥當勞

　　每年 200 億營收×1% = 2 億元行銷預算。

　　一般來說，營收額提撥比例，大致在 1%~10% 之間，大於此比例則偏高了，會使公司獲利減少太多。

(三) 看公司目標設定

　　第三個因素，則是看公司是否有訂定一些挑戰性目標而決定。例如：公司訂定一些高目標市占率、高目標品牌影響力、高目標業績達成等；此時的行銷預算金額可能也會拉高很多，以求能達成公司要求目標。

| **01**
看競爭對手提列多少 | **02**
看公司年營收額的固定比例 (1%~10% 之間) | **03**
看公司目標的設定及戰略性 |

圖 19-2　行銷預算的提列原則

四、行銷預算的花費項目

(一) 那麼，每年提列的行銷預算，主要是花在哪裡呢？說明如下：

・媒體廣宣（廣告）：花費占 80%。

・活動舉辦：花費占 20%。

(二) 而 80% 的媒體廣宣，又花在哪裡呢？主要如下所示：

	傳統媒體廣告	對	數位媒體廣告
・過去：	9	：	1
・現在：	7	：	3
・未來：	6	：	4
or	5	：	5

過去傳統媒體廣告量幾乎占了九成之多，但這十多年來，數位廣告量成長快速，已占了三、四成之多，而使傳統媒體廣告量大幅下滑，產生廣告結構上很大變化。

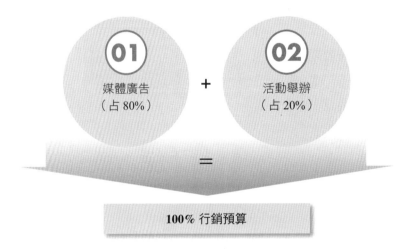

圖 19-3　行銷預算的花費占比

五、數位廣告的崛起原因

近十年來，數位（網路）廣告大幅拉升、增加的三大原因如下：

(一) 青年人（20~39 歲）不太看傳統媒體。包括不看電視、不看報紙、不看雜誌、不聽廣播，只看網路、只看手機了。

(二) 年輕人已成為市場消費主力，商家重視的是廣大年輕族群的消費力，因此，廣告投放也改變為以年輕人為對象。

(三) 數位廣告的優點是可以比較精準地觸及 TA（目標消費族群），以收到比較滿意的廣告效果；這比報紙、雜誌、廣播的廣告效益要好上很多。

圖 19-4　數位廣告的崛起原因

19-2　電視廣告預算如何花費

有關電視廣告預算如何花費的細節，概述如下：

一、對單一品牌而言，它一年的電視廣告投放預算，至少 3,000 萬元～1 億元之間。3,000 萬元係指消費者品牌；而1億元投放，係指耐久性品牌而言，例如：汽車、建築行業等。

二、電視廣告的預算，有 70% 是投放在新聞臺及綜合臺之上。因為這兩種頻道的收視率較高，投放廣告的效益比較大。

三、電視廣告的廣度夠。因為全臺 490 萬家庭的收視戶，每天晚上有 90% 的開機率。故電視廣告對產品的品牌力、品牌資產提升，確實會帶來顯著的助益。

四、電視廣告每一波投放，大致以兩週 14 天時間播放，此時需要 500 萬元投放費用，如果一年六波播放，恰好是 3,000 萬元。此時每一波的 GRP（廣告曝光率、廣告聲量）約可達到 300 個總收視點數。此即，如果放在平均 0.3 收視率的節目播出，則可以達到 1,000 次的總播出次數；如此的曝光率應該是足夠的。

五、電視廣告的播出型態，還有一種稱為「冠名贊助」播出，亦即，把品牌名稱放在戲劇節目或綜藝節目的左上角，一直放在那裡，讓觀眾可以固定看到。冠名贊助每一集節目的費用，約 5~10 萬元，如果平均以 8 萬元計算，乘上

100 集，則要付出 800 萬元的冠名贊助費用。此種型態比較適合中小型品牌，極須打造品牌力，可用此方式呈現，效益比較大。

六、目前，在電視廣告投放中，以三立、東森、TVBS 等，為前三大電視臺，每年的廣告收入及收視率都比較高、最優先前三大廣告投放臺。次要的電視臺就是緯來、中天、福斯、八大、非凡、年代、壹電視、民視等。

七、電視廣告的計價方法，目前以 CPRP 法／每 10 秒為基準。所謂 CPRP 法即 Cost Per Rating Point（即每個收視點數之成本計價）。目前每 10 秒播出一次的 CPRP 價格，平均在 3,000~7,000 元之間。其中，又以新聞臺的 CPRP 最高，每 10 秒在 6,000~7,000 元之間。綜合臺次之，CPRP 在 4,000~5,000 元之間。其他，電影臺、戲劇體、體育臺、日本臺、新知臺，其 CPRP 值就更低一些，約在 3,000~4,000 元之間，兒童臺則最低，在 1,000~2,000 元之間。假設，有一支 TVCF 30 秒，在收視率 1.0 節目播出一次，CPRP 價格約為 7,000 元，則此支 TVCF 播出一次的成本，就要花費 7,000 元×3 = 2.1 萬元。如果連續在 1.0 節目播出 100 次，就要花費 2.1 萬元×100 次 = 210 萬元。

八、電視廣告的效益指標，就媒體代理商來說，它的指標只有 GRP 值。GRP 即 Gross Rating Point，即總收視點數；也就是說，此支 TVCF 的總曝光率或廣告總聲量；或是說，有 TA 中的 75% 的消費者看過此支廣告，平均看過 4 次。所以，GRP 就是隱含著消費者看過此支廣告片，那麼對此品牌力的提升，會帶來一些有益效果。至於對業績力，也有一些助益，但不是全部，因為，品牌每天、每年的業績多少，有沒有成長，它跟行銷 4P/1S（即產品力、定價力、通路力、推廣力、服務力），以及市場景氣狀況、競爭狀況、經濟成長率、促銷檔期……等，諸多因素連結在一起。

九、電視廣告投放的效益，也會跟這一支 TVCF 廣告片是否能夠拍得吸引人群收看，以及能否叫好又叫座有關。常言道，能夠促進銷售的，才算是一支成功的電視廣告片。

十、有一家每天監播電視廣告片播出的公司，叫做「潤利艾克曼公司」，它是專門監播廣告主投放廣告是否正常播出的一家公司。畢竟，電視廣告費很貴，要有人負責觀看是否播出的公正客觀公司。

十一、最後，目前國內唯一的收視率調查公司為「尼爾森公司」。它在全臺鋪設 2,200 個家庭，總計 8,000 人的個人收視記錄盒，每天記錄收看人的收視

狀況。目前，大部分電視臺檢討收視率及媒體代理商應用收視率，都是採用此家公司的收視紀錄資料。

01	單一品牌一年廣告預算	➡	至少 3,000 萬元～1 億元之間
02	70% 的電視廣告投放	➡	集中在新聞臺及綜合臺 因收視率較高
03	電視廣告的廣度夠	➡	全臺 490 萬家庭戶數 每天晚上開機率 90% 對品牌知名度提升有助益
04	冠名贊助廣告	➡	對中小型品牌知名度有幫助 每集 5~10 萬元
05	電視廣告計價法	➡	採 CPRP 每 10 秒計價法
06	媒體代理商提出的廣告效益	➡	即 GRP 達成率 廣告聲量、廣告曝光率有多少
07	每天電視收視率調查公司	➡	尼爾森公司
08	每天電視廣告播出監播公司	➡	潤利艾克曼公司
09	電視廣告播出效益	➡	要看這支電視廣告拍得好不好？吸不吸引人？是否叫好又叫座？

圖 19-5　電視廣告預算的相關內容

19-3 網路廣告預算如何花費

一、網路廣告預算花在哪裡

國內一年接近 200 億元的網路廣告預算大餅，主要花在下列十種網路媒體，幾占 90% 之多，如下：

・FB（臉書廣告）。

- IG 廣告。
- YouTube 影音廣告。
- Google 聯播網廣告。
- Google 關鍵字廣告。
- LINE 官方帳號廣告。
- 新聞網站（ETToday、udn 等）。
- 網紅行銷廣告。
- 雅虎奇摩廣告。
- 社群廣告（Dcard、痞客邦……等）。

🔒🔍 圖 19-6　網路廣告的十大去處

二、網路廣告計價

目前，實務上，網路廣告計價法，主要有下列幾種：
- CPM：每千人次曝光成本 (Cost per mille)。
- CPC：每次點擊之成本 (Cost per click)。
- CPV：每次觀看之成本 (Cost per view)。

而目前，上述三種的計價範圍，大概如下：
- FB/IG：採 CPM 計價，每個 CPM 在 150~300 元之間。
- YouTube：採 CPV 計價，每個 CPV 在 1~2 元之間。
- Google 聯播網廣告：採 CPC 計價，每個 CPC 在 8~10 元之間。
- 新聞網站廣告：採 CPM 計價，每個 CPM 在 100~400 元之間。

01 FB/IG 廣告
採 CPM 計價，每個 CPM 在 150~300 元之間。

02 YouTube 廣告
採 CPV 計價，每個 CPV 在 1~2 元之間。

03 Google 聯播網廣告
採 CPC 計價，每個 CPC 在 8~10 元之間。

04 新聞網站廣告
採 CPM 計價，每個 CPM 在 100~400 元之間。

圖 19-7　網路廣告的計價

三、網紅業配行銷

目前，網紅大致可區分為微網紅、中網紅及大網紅三種：
- 微網紅：訂閱數及粉絲數都在 5~10 萬之間。
- 中網紅：介於 10~100 萬之間。
- 大網紅：訂閱數及粉絲數都在 100 萬以上。
目前的網紅每次業配價碼：
- 微網紅：每次 5~10 萬元之間。
- 大網紅：每次 50 萬元以上。
一般消費品的網紅預算大致在 100 萬元以內，可採取兩種方式：
- 微網紅找 10 位×10 萬元＝100 萬元預算。
- 大網紅找 2 位×50 萬元＝100 萬元預算。

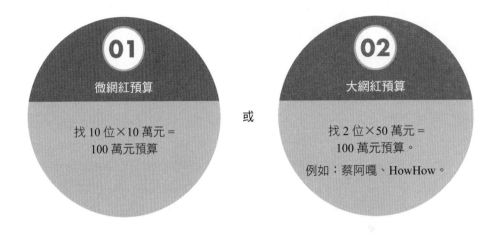

四、網路廣告預算分配

平均來說，一般消費品每年的網路廣告預算大約在 1,000 萬元左右即可；分配額度如下：

- FB：200 萬。
- Google 聯播網廣告：200 萬。
- YouTube (YT)：200 萬。
- IG：100 萬。
- 新聞網站廣告：100 萬。
- 網紅業配：100 萬。
- 其他社群及內容網站：100 萬。

　　合計：1,000 萬元預算

19-4　總計的年度行銷預算

一、傳統媒體預算分配

除了電視之外，其他傳統媒體的預算分配如下：

- 報紙：100 萬（50 萬×2 次）
- 雜誌：100 萬（20 萬×5 次）
- 廣播：100 萬
- 戶外：200 萬

合計：500 萬元預算

因為傳統媒體廣告投放的效益不是很高，因此，預算分配金額不必很大，只須小小投放即可，以節省廣告預算。

二、總計：年度行銷（廣告）預算

・電視廣告：	3,000 萬元
・網路廣告：	1,000 萬元
・傳統媒體廣告：	500 萬元
	4,500 萬元
＋藝人代言人費用：	400 萬元
＋TVCF 製作費：	300 萬元
	5,200 萬元
＋店頭陳列：	100 萬元 （1,000 元×1,000 個據點）
	5,300 萬元
＋活動預算：	1,000 萬元
總計：	6,300 萬元

三、活動預算（非廣告預算）

除了前述媒體廣告預算之外，另外還有一些行銷活動的預算，如下：

(1) 記者會：50 萬元（一場）

(2) 戶外體驗活動：100萬元（二場）

(3) 代言人活動：50 萬元（一場）

(4) 旗艦店開幕：50 萬元（一場）

(5) 聯名行銷：50 萬元（一次）

(6) 運動行銷贊助：50 萬元（一次）

(7) 公益活動：100 萬元（二次）

(8) 藝文贊助：50 萬元（一次）

(9) 促銷活動：500 萬元

　　合計：1,000 萬元

故，廣告預算：5,300 萬元（如前述）

　　活動預算：1,000 萬元

　　總計：6,300 萬元（年度行銷預算總支出）

四、行銷預算占比

　　假設此項消費品年營收 20 億元，則上述 6,300 萬元的年度行銷總預算，占此年營收額的比例為 3%（6,300 萬元 ÷ 20 億元），尚屬合理範圍。

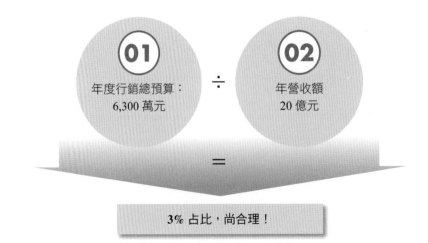

19-5 年終的行銷預算效益評估方向

每年 12 月底年終，行銷部門對自己要檢討，一年來行銷廣告預算運用的效益，要做一個評估及檢討，並提出未來一年的改良、強化方向，以使效益更加提高。

年終行銷預算效益評估，有以下六大方向：

- 品牌力提升評估（對品牌、知名度、印象度、好感度、信賴度之提升）。
- 業績力提升評估（相較於去年，今年業績提升多少金額及百分比）。
- 企業形象力提升評估（企業、集團整體優良形象是否提升）。
- 品牌市占率提升評估（市占率與去年相比較是否提升）。
- 全臺經銷商的滿意度是否提升評估。
- 主力零售商連鎖店滿意度是否提升評估（例如：全聯、家樂福、7-11、全家、屈臣氏、康是美、寶雅、燦坤、全國電子、大樹藥局、COSTCO……等）。

> *上述第一項品牌力提升否，可委外市場調查去求證；第四項市占率提升否，可用尼爾森銷售調查數據去求證。

01 品牌力提升評估
02 業績力提升評估
03 形象力提升評估
04 市占率提升評估
05 全臺經銷商滿意度評估
06 主力零售商滿意度評估

🔍 圖 19-8　年終行銷預算效益評估的六大方向

*年終行銷（廣告）預算效益評估的目的，就是希望每一筆花費都能花在刀口上，都能獲取最大 ROI (Return on Investment)，即投資報酬率或稱投資效益。

・年終行銷預算效益評估　➡　・追求行銷支出預算最大的 ROI

19-6 行銷預算的檢討及調整

除了上述年終行銷預算效益分析之外，行銷部門也需針對下列項目的檢討及加強，展開討論。包括如下圖示項目：

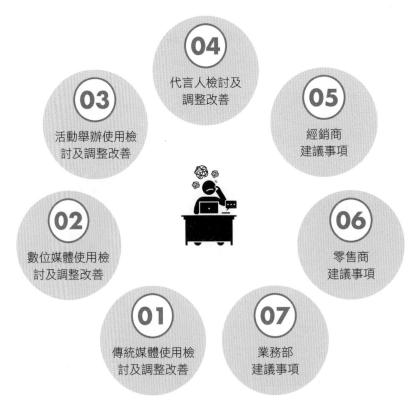

04 代言人檢討及調整改善

03 活動舉辦使用檢討及調整改善

05 經銷商建議事項

02 數位媒體使用檢討及調整改善

06 零售商建議事項

01 傳統媒體使用檢討及調整改善

07 業務部建議事項

圖 19-9　行銷預算的七大檢討事項

19-7 對委外公司的加強點

很多廣告預算，都是花在委外公司。因此，對委外公司是否真的做到盡心盡力及節省成本花費上，也必須提出檢討及加強點。六種委外事業公司如下：

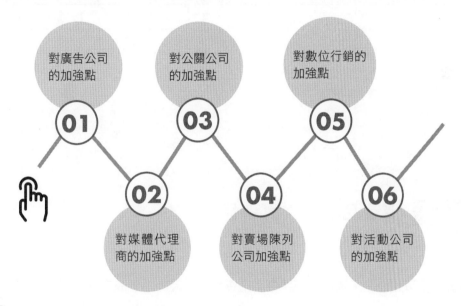

對廣告公司的加強點

對公關公司的加強點

對數位行銷的加強點

01

03

05

對媒體代理商的加強點

對賣場陳列公司加強點

對活動公司的加強點

02

04

06

🔍 圖 19-10　對委外公司的六個方向加強點

19-8 六大媒體的年度廣告量

依據相關市場資料顯示，國內六大媒體的年度廣告量顯示，如下金額：

項次	媒體	年廣告量
1	電視	200 億
2	網路＋行動	200 億
3	報紙	20 億
4	雜誌	20 億
5	廣播	15 億
6	戶外	40 億
	合計	505 億

全年度，全體廣告客戶
的廣告投放量，每年達
505 億元之多！

19-9　消費品廠商：大者恆大

消費品或耐久性商品的廠商，會形成大者恆大的現象；此即，這些大廠的年度廣告預算比較多，遠超過一些中小企業品牌，因此，形成良性循環：

例如：

(1) Panasonic：

　　250 億營收×1％＝2.5 億廣告費

(2) 和泰汽車：

　　1,000 億營收×0.5％＝5 億廣告費

(3) 統一企業：

　　300 億營收×1％＝3 億廣告費

(4) 麥當勞：

　　250 億營收×2％＝5 億廣告費

(5) 7 11：

　　1,500 億營收×0.2%＝3 億廣告費

(6) 桂格：

　　100 億營收×4%＝4 億廣告費

19-10 消費者市調的執行

在年終檢討整個行銷預算的執行成效方面，有些較大型公司還會執行消費者市調，以了解並驗證下列事項：

・了解各種媒體廣告投放的印象。

・了解對品牌資產的變化狀況。

・了解本公司的市場競爭力。

・了解本公司品牌在消費者心目中的位置在哪裡。

・了解代言人的印象度及效果如何。

・了解廣告促購度的影響如何。

19-11 行銷預算成功運用的九大點

整體來說，廠商的行銷預算成功率運用，計有如下九大點要注意：

一、成功的 TVCF

如何與廣告公司及製作公司共同合作，拍出具有好創意、能吸引人、令人印象深刻、能深入人心、令人感動、能叫好又叫座的電視廣告片，是一大重點。

二、成功的媒體組合

在安排廣告片曝光時，如何安排出一個具有全面性、全方位、360 度、鋪天蓋地、能讓最多人看到的媒體組合，也是一大重點。

三、媒體報導多

如何讓三大綜合報紙、七家電視新聞臺、五家網路新聞報、及財經雜誌等，

盡可能多加報導本品牌的任何新聞曝光、露出，則是第三個重點。

四、選對代言人

選對代言人，對品牌有顯著加分效果，因此要多方思考及討論，選對適合本產品的最佳藝人代言人。

五、促銷活動搭配

行銷預算的花用，不能完全侷限在媒體廣宣上面，應保留一部分做為促銷活動之用，才能對業績提升帶來正面效果。

六、宣傳主軸及訴求

每一年度，行銷人員應該集思廣益，確立此品牌的宣傳主軸及訴求內容，然後集中一切廣宣媒體，努力於這個焦點上，才比較容易收到好的廣宣效果。

七、整合行銷運作

年度行銷預算的運用，必須站在如何提高效益的整合性操作，以求 $1 + 1 > 2$ 的綜效產生。而不要各種廣宣各自為政，如此效果會很低。故必須重視如何整合性操作，以使廣宣達到最大聲量，也使業績能夠提升。

八、隨時機動調整

在執行各種行銷預算活動時，必須關注到各種媒體及各種活動的執行效果，如有不理想的，就要隨時機動調整各種廣宣媒體的配置比例，以拉高宣傳效果。

九、足夠預算

最後一點，成功的行銷廣宣預算執行，必須有足夠金額的預算才行。預算太少，根本做不出好的成果。像一些大品牌，每年都投入數千萬到上億的行銷預算，才能成就他們今天的品牌領導地位。例如：麥當勞、Panasonic、日立冷氣、大金冷氣、花王、全聯、娘家、黑人牙膏、Unilever、普拿疼、統一超商、統一企業、和泰汽車、光陽機車、桂格、味全……等。

🔍 圖 19-11 行銷預算成功運用的九大點

19-12 SOGO 百貨週年慶的行銷預算

茲以 SOGO 百貨週年慶活動的行銷廣告預算為例，如下：

1. 週年慶全臺 SOGO 業績目標：110 億元

2. 行銷預算：7,000 萬（為業績的 6.4‰）

3. 預算配置：

- TV 廣告：3,000 萬（一個月內強打 TV 廣告）
- TVCF 製作：200 萬
- 網路廣告：1,000 萬
- 大本 DM 特刊印製：1,000 萬
- 記者會：50 萬
- 媒體報導：50 萬
- 促銷贈品：1,000 萬
- 捷運廣告：100 萬
- 公車廣告：100 萬
- 報紙廣告：500 萬

合計：7,000 萬元

19-13　和泰汽車全車系的行銷預算

1. 和泰汽車 (TOYOTA) 全年業績 1,000 億元
2. 行銷預算：3.2 億（為業績的 0.3%）
3. 預算配置：
   - 電視廣告投放：2 億
   - 代言人：600 萬
   - 網路廣告：5,000 萬
   - 記者會：200 萬
   - 臺北車展：2,000 萬
   - 戶外廣告：1,000 萬
   - 報紙：200 萬
   - 雜誌：200 萬
   - 廣播：200 萬
   - 促銷贈品：1,000 萬
   - TVCF 製作：1,500 萬（5 支）

     合計：3.2 億元

19-14　行銷 4P/1S/2C 全方位的努力及加強

　　本章總結來說，除了行銷（廣告）預算要重視 ROI 的使用之外，對公司銷售業績的提升，不能只靠廣告一項努力而已，而是要行銷 4P/1S/2C 七大項、全方位的努力及加強，才可以實現業績提高的目標。

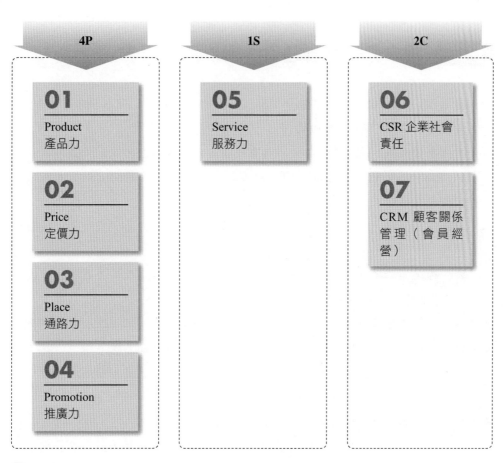

圖 19-12　行銷 4P/1S/2C 全方位的七大項努力強化

附錄 期末分組報告題目（學以致用報告）

一、請上 YT (YouTube) 找一支國內近一、二年您認為成功的電視廣告片（20 秒或 30 秒），加以分析並播放。

二、請找市場上第一品牌及第二品牌的電視廣告片，加以做比較分析並播放。

　Ex: foodpanda 對 Uber Eats、日立冷氣對大金冷氣、Panasonic 對日立家電、飛柔洗髮精對多芬洗髮精、光陽機車對三陽機車。

三、請找麥當勞近一、二年來所播放的電視廣告片，統計有多少支？呈現類型有哪些？

四、請找近一、二年來成功的一位藝人代言人，並播出其電視廣告片及分析代言人之成功原因為何？

五、請找近期商業周刊雜誌，分析其上廣告的類型品牌為何？

六、請找近一週（六、日）聯合報，分析上面的廣告類型及品牌為何？

七、請分析臉書廣告呈現方式有哪些？有哪些品牌上了臉書廣告？

八、請說明何謂 GRP 之中英文為何？請說明何謂 CPRP 之中英文為何？

九、請列示有哪些戶外大型廣告的商圈，並拍照下來呈現之。

十、請到任何超市或量販店去拍攝店頭行銷／廣告的呈現照片，並加以分析。

十一、請說明任何種類的廣告，其目的是什麼？對您是否有影響？有或沒有？為什麼？

十二、請到市內重要 A 級捷運站拍攝捷運廣告，並作分析。

十三、請到市內公車站拍攝至少三個公車車體外品牌廣告，並作分析。

十四、何謂 Google 聯播網廣告？何謂 YouTube 廣告？

十五、何謂冠名贊助廣告？請親自看電視，並至少記錄五家冠名贊助的品牌。

〈說明〉

一、每一小組所有成員都要上台報告。

二、題目由所有成員平均分配。

三、每小組報告 30 分鐘內要完成。

四、簡報內容盡量簡化呈現，文字少一點，圖片多一些。

五、本報告旨在訓練同學：

- 蒐集資料能力
- 口頭報告能力
- 學以致用能力
- 培養優秀行銷人員及廣告企劃人員的就業能力

國家圖書館出版品預行編目資料

廣告學：策略、經營與實例／戴國良著; ――
初版. ――臺北市：五南圖書出版股份有限公司, 2021.09
　面；　公分

ISBN 978-986-522-974-0（平裝）
1.廣告學
497　　　　　　　　　　110011653

1FSM

廣告學：策略、經營與實例

作　　者 ― 戴國良

發 行 人 ― 楊榮川

總 經 理 ― 楊士清

總 編 輯 ― 楊秀麗

主　　編 ― 侯家嵐

責任編輯 ― 侯家嵐　鄭乃甄

文字校對 ― 許宸瑞　葉瓊瑄

封面設計 ― 姚孝慈

內文排版 ― 張淑貞

出 版 者 ― 五南圖書出版股份有限公司

地　　址：106台北市大安區和平東路二段339號4樓

電　　話：(02)2705-5066　　傳　　真：(02)2706-6100

網　　址：https://www.wunan.com.tw

電子郵件：wunan@wunan.com.tw

劃撥帳號：０１０６８９５３

戶　　名：五南圖書出版股份有限公司

法律顧問：林勝安律師事務所　林勝安律師

出版日期：2021年9月初版一刷

定　　價：新臺幣490元

經典永恆・名著常在

五十週年的獻禮 —— 經典名著文庫

五南，五十年了，半個世紀，人生旅程的一大半，走過來了。

思索著，邁向百年的未來歷程，能為知識界、文化學術界作些什麼？

在速食文化的生態下，有什麼值得讓人雋永品味的？

歷代經典・當今名著，經過時間的洗禮，千錘百鍊，流傳至今，光芒耀人；

不僅使我們能領悟前人的智慧，同時也增深加廣我們思考的深度與視野。

我們決心投入巨資，有計畫的系統梳選，成立「經典名著文庫」，

希望收入古今中外思想性的、充滿睿智與獨見的經典、名著。

這是一項理想性的、永續性的巨大出版工程。

不在意讀者的眾寡，只考慮它的學術價值，力求完整展現先哲思想的軌跡；

為知識界開啟一片智慧之窗，營造一座百花綻放的世界文明公園，

任君遨遊、取菁吸蜜、嘉惠學子！